Lectures in Japanese
about Significant Events
in the
History of Chemistry
by
TAKEUCHI Yoshito

竹内敬人
の
ケミストーリー

Lectures in Japanese
about Significant Events
in the
History of Chemistry
by

TAKEUCHI Yoshito

NHK Television Programs

Japanese Video Recordings, Transcriptions, Vocabulary Notes

Edward E. Daub, Editor

University Communications
711 State Street, Suite 200
Madison, WI 53703

Printed in the United States of America

Daub, Edward E.

Lectures in Japanese about Significant Events in the History of Chemistry by TAKEUCHI Yoshito:
NHK Television Programs=Takeuchi Yoshito no Kemi Suto-ri-
Edward E. Daub, Editor

Japanese video recordings, transcriptions, vocabulary notes.
Reproduced with permission of NHK Television.

Distributed by The University of Wisconsin Press,
http://uwpress.wisc.edu/

ISBN 978-0-9748952-4-6

1. Japanese language—Video and Reader—Science. 2. Japanese language—Technical Japanese.

I. Title: Takeuchi Yoshito no Kemi Suto–ri–. II. Title.

TABLE OF CONTENTS

INTRODUCTION

Teaching technical Japanese at the University of Wisconsin-Madison contrasts with teaching that technical majors have previously experienced in Japanese language classes: native English speaking professors having PhD's in technical fields---not native Japanese speaking professors having PhD's in Japanese language and literature; classes conducted primarily in English to read, analyze and translate a technical Japanese text --not classes conducted primarily in Japanese with dialogue that facilitates development of conversational skills as well as ability to read and understand Japanese literature.

The reason is that the purposes of the two studies differ in their goals, the one to translate technical Japanese clearly and accurately, the other to converse fluently, to read and comprehend Japanese literature, and to appreciate the uniqueness of Japanese language. Students of technical Japanese, given their previous two-year study of Japanese, are well able to converse in Japanese on technical topics in their own disciplines.

However, they are not as well prepared to hear and comprehend technical Japanese lectures. In teaching technical Japanese in the 1980's, I presented to the students the NHK high school lectures in physics and chemistry. They knew the content, of course, but their ability to comprehend that content proved to be a real challenge. In the NHK chemistry lectures, I was delighted to find that each lecture included a short presentation entitled 「ケミストーリー」 because these chemical stories were told in an especially engaging style and were admirable depictions of episodes from the history of chemistry.

I realized that these stories should be intelligible to all advanced students of Japanese as most will have studied chemistry in high school. And, since history of chemistry is a university humanities course, technical majors would profit greatly from the storys' humanistic dimensions. Now, with the gracious offer of support from Professor Yoshito Takeuchi, the engaging lecturer of "Chemical Stories," I can.

Professor Takeuchi became Professor Emeritus at the University of Tokyo in 1995, after his distinguished career there, and continued his teaching and research in the Chemistry Department at Kanagawa University, for a number of years. He has authored more than 200 papers in several primary fields of research in both Japanese and international chemical journals. He has for many years been a titular member on IUPAC's (International Union for Pure and Applied Chemistry) Committee on Chemistry Education. Most recently he has engaged in the IUPAC project to make English chemistry textbooks available on-line and has completed two books, *Basic Chemistry* and *Stereochemistry*.

Surprisingly, Professor Takeuchi's first academic degree at the University of Tokyo in 1960 was not in chemistry but in the history and philosophy of science. Believing that a historian should know more about science, he entered graduate school in chemistry, gained his Masters Degree in 1962, and his Doctor of Science in 1967. However, he never abandoned his interest in the history of chemistry, writing many monographs for young people and interested adults. He chose the rubric "History of Chemistry--of Chemists, by Chemists, and for the People," which reflects an interest he shared, with all young people in Japan after WWII, in Lincoln's famous words, "of the People, by the People, and for the People."

Professor Takeuchi's stories came about because NHK invited him to inject some "spice" into each 30 minute program, lest a steady diet of pure chemistry prove boring to both young people and interested adults, whom NHK also wished to reach. In his concluding story, he shared what he had intended to accomplish with his stories and what he hoped would be the future of chemistry in their lives.

"Well, for the past year you have listened to this chemical story corner. It took considerable time as I sought diligently to bring you to at least some familiarity with chemistry. In each story, while tracing the development of chemistry, I also sought to show that chemistry is a part of the intellectual activity of humanity, that in that regard chemistry is essentially equal to music, the arts and literature. I also intended to point out that the development of chemistry is not unrelated to the development of society; thus, to study the development of chemistry is also to study the history of the world.

"I expect that most of you will not specialize in chemistry, but I don't consider that to be a sufficient reason for you to be content to say goodbye to chemistry. I hope you will maintain interest in chemistry throughout your lives. You may not be in music or in literature, but you will always maintain your interest in both. So though you may well bid farewell to chemistry as knowledge, I want you always to maintain interest in the nature of chemistry as an intellectual activity. That at least is my hope."

Thus, these chemical stories will not only nurture your ability to comprehend Japanese technical lectures but will also promote your understanding of chemistry as a human intellectual activity and an awareness of chemistry as a key factor in the history of the world. To attain these goals, you will need a full transcription of the story so that it will be available for study prior to viewing and listening to the story. You will also need notes to provide you with words in the story that you may not know. Since the goal is to enrich your knowledge of Japanese, you will best profit from Japanese definitions from the most authoritative dictionary: 「広辞苑　第五版」(岩波書店). English meanings will not be given.

English will be restricted to two roles: for chemists who are cited in the story, their names, life spans, and a brief description of their historical contributions; English technical terms that correspond to the Japanese technical terms in the story, for example, "陰極[インキョク]線[セン] = cathode rays." Then the Japanese definition of that Japanese technical term is given, for example, 「陰極線 = 真空放電の際、陰極から陽極に向かって発する高速の電子の流れ」. If you wish to know English definitions, consulting the *Oxford Dictionary of Chemistry* and *Oxford Dictionary of Physics* is recommended..

Thus, each story will have the following sub-titles in the following order: Scientists; Japanese and Corresponding English Technical Terms; 日本語の学術用語の定義; 単語; ケミストーリー. Transcriptions will not include several types of expressions: slight interjections such as まあ and ええ and on the spot interjections of この to give emphasis to some aspect of the topic under consideration.

However, transcriptions will include expressions that represent a change in the statement Professor Takeuchi was currently making. They are a tribute to his alertness to grammar and clarity as he proceeded. The initial word or expression will be given a dotted underline and the succeeding more appropriate word or expression will be in bold font. For example, 「メンデレーフが、予測した、**予言したエカアルミニウムのいろいろな性質**」.

Acknowledgments

First, of course, to **Professor Takeuchi** for faithful support and for going to considerable trouble to secure from the NHK archives the best recordings of his stories. To **NHK** for permission to digitize those recordings and distribute them on DVD's . To **Mrs. Takako Saitoh** for transcribing the stories and checking vocabulary notes, a kindness rendered as an expression of gratitude for her pleasant years in Madison during her husband's graduate study. To **Dennis Rinzel** for digitizing the lectures. To **Emily Wixon**, chemistry librarian, who sleuthed from their achievements the names of a number of chemists whose Western names were not obvious in their Japanese versions. To **The Brittingham Fund** for generously subsidizing publication costs.

これからの化学
Tomorrow's Chemistry

In the 1990's Professor Takeuchi gave a television course in the history of chemistry for the University of the Air. He titled the final chapter 「これからの化学」in which he identified four areas of interest: 化学と社会との関係、The Relarionship Between Chemistry and Society, in which he gave considerable attention to Rachel Carson's Silent Spring, 沈黙の春, which will be quoted below; 自然との調和を目指した化学, Chemistry that Aims for Harmony with Nature, concerning which two excerpts will follow that identify the four main issues, the first as current concerns, the second claiming that these four concerns have commanded attention in chemistry from its very beginning; 化学嫌いをなくすための化学, Chemistry to Abolish "Chemophobia"; 科学史の研究, Research in the History of Chemistry, in which he urged continuation of the various types of research in the history of chemistry.

Here are his comments on *Silent Spring*.

1962年に出版されたアメリカの海洋生物学者カーソン (R.Carson, 1907-1964) の『沈黙の春』農薬の過剰な使用に対する、もっと一般的には化学技術の活用に対する効果ある警告としては最初のものであった。殺虫剤、除草剤として大量に散布されてきたDDT などの有機農薬が次第に蓄積され、生態系連鎖に入り込み、自然の微少なバランスを破壊し、動植物や人間に深刻な害を与えていることを多くの実例を示しながら警告した。「春がきたけれども、鳥は鳴かない」と言うのが本の題の趣旨である。世界中で多くの人がこの本に触れて、環境問題、エコロジー問題に感心を持つに至った。これがきっかけとなって、DDT 等の塩素系農薬は次第に使用が制限されるようになった。

Here are the two excerpts from the section on aiming for harmony with nature.

21 世紀を迎えようとする今、化学はどのようなものでなければならないのだろうか。第1に21世紀の化学は「自然との調和を大切にする化学」でなければならないだろう。しかも化学は単に化学と科学技術自身が自然との調和を果たすだけではなく、他のすべての科学技術が自然との調和を実現できるような方策を講じる責任を負っている。だが、それはどのようにして達成されるのだろうか。また、化学者達は、どのような意識を持ってこの責任を果たそうとしているのであろうか。この様子は、日本化学会の機関誌『化学と工業』の特集「21 世紀の課題と夢」に取り上げられている課題を眺めるとおよそ見当がつく。ここでは4つの課題が取り上げられている。エネルギー、物質（新材料）、環境、高齢化である。

****

ところでこの4課題は、決して唐突に化学の世界に登場した訳ではない。どれも長い伝統の土壌の上に咲いた花である。「エネルギー」はいろいろな形で化学の中心的な問題だった。電池、熱化学といった分野も広い意味でエネルギー問題に関係している。「物質（新材料）」についてはいうまでもない。「環境」に関連して言えば、地球化学はすでに化学の一分野として定着して久しい。「高齢化」の問題は薬化学、医化学として化学の誕生以前から、かかわってきた問題である。化学が目指すものは昔も今も変わらない。そのキャッチフレーズが時に応じて変わってくるだけである。

Chemical Story 1 The Birth of Chemistry in Japan
Historical Note

In this lecture, the same Japanese era (1603-1867) is cited with different names, 江戸時代 and 徳川時代. The first because the capital was at 江戸; the second because the Shoguns were all of the Tokugawa line.

Scientists

Udagawa, Yooan [宇田川容庵]1798-1846. A Japanese scientist and physician well-schooled in chemistry, botany, zoology and pharmacy. Famous for translating and publishing in 1837 the Dutch version of the Englishman William Henry's *Elements of Experimental Chemistry*.

Sugita, Gempaku [杉田玄白] 1733-1817. A Japanese physician well-schooled in Dutch medical science who was the primary translator of a Dutch text on anatomy.

Goethe, Johann 1838-1907. The great German poet whose interest in chemical affinity led him to write a love story in which the theme of affinity between lovers was paramount.

Japanese and Corresponding English Technical Terms

楠木[くすのき] = camphor tree; 解剖[カイボウ]学 = anatomy; 親和[シンワ]力 = affinity.

日本語の学術用語の定義

解剖学 = 生物体内部の構造・機構を研究する学問；化学親和力 = 化学反応のとき物質の間に働くと考えられる親和性を表す大きさ。今日では、熱力学的に定義されている.

単語

とっつく=トリツクの音便；音便[オンビン] = 国語学の用語。発音上の便宜から、もとの音とは違った音に変る現象；取り付く = しっかりと組みつく；好奇心[コウキシン] = 珍しい物事、未知の事柄に対する興味；官庁[カンチョウ] = その担当する国家事務につき、国家の意思を決定し、これを表示する権能を与えられた国家機関；記念碑[キネンヒ] =ある物事を記念し、後世に伝えるために建てた碑；幕末[バクマツ] = 江戸幕府の末期。普通、1853年、ペリー来航後をいう；開成所[カイセイジョ] = 江戸幕府が創立したオランダ・イギリス・フランス・ドイツ・ロシアなどの洋学教授した学校；舎密[せいみ]局[キョク] = 明治2年大坂に、翌年京都に設けられた理化学研究教育機関;舎密開宗[せいみかいそう] = 日本で最初の化学書.

宇田川榕庵訳；木版[モクハン] = 木の板に文字や絵を彫りつけて作った印刷用の版；掘[ほ]る = きざむ；版[ハン] = 文字を書くいた；印刷[インサツ] =印刷版を作り、この版面にインクをつけ、これを紙・布その他に刷[す]ること；和とじ = 日本風の本の綴[と]じ方；綴じる = 重ねて一つにつづり合せる；解体[カイタイ]新書 = 日本最初の西洋解剖書の訳本；恋愛[レンアイ] = 男女が互いに相手をこいしたうこと；馴染[なじ]む= なれて親しみを持つ.

ケミストーリー1 「日本の化学の誕生」

皆さん、こんにちは。これから一年間、私はこのケミストーリーのコーナーで、皆さんが化学を楽しく勉強するのを、お手伝いしたいと思います。

今、私は「楽しく」と大きな声で言いましたけれども、それはこういうことなんですね。高校生、大学生、そして市民の皆さん、いろいろな方が「どうも化学はわかりにくい」「化学はとっつきにくい」「いや、化学は面白くない」こんな声が、聞こえてきます。化学者として私は、これは大変残念に思うわけですね。確かに化学は、決して優しい学問ではありません。しかし、本来面白い学問なんです。特に知的な人にとって、化学は知的好奇心をわき起こすような、そういう学問だと思うんです。ですから、私は皆さんが、化学を、そういうものであるということが、理解できるようにお手伝いしたいと、そう思っているわけなんです。

さて、その手始めに、今日は「日本の化学の誕生」のお話をしたいと思います。そのために私は、大阪市中央区の官庁街の真中に、高々とそびえている楠木の下にある、ある特別な記念碑の所にやって来ました。

　碑には「舎密局跡」（しゃみつきょくあと）と彫ってありますが、実はこれは「しゃみつ」ではなくて「せいみ」と読みます。「舎密」とは何なんでしょう。実はこれは化学のことなんです。日本では明治の初めまで、化学のことを「舎密」と呼んでいたんですね。化学は、他のサイエンスと同じように、江戸時代にオランダを通じて輸入していたわけです。で、オランダ語の「化学」これはフランス語なんかとよく似ていますけど、フランス語の化学は「チェミィ」といいますが、オランダ語もそんな音だったので、日本では化学のことを「舎密（せいみ）」と呼ぶようになったのですね。

　で、幕末に日本の学問、西洋の学問を学ぶために、学校あるいは研究機関というような役割で作られました「開成所」というものの化学の部分が、明治二年になって大阪に移されて「舎密局」になったわけです。ですから、ここは明治以後の日本の化学の原点の一つだ、ということができますね。ところで「ローマは一日にして成らず」と言いますが、この「舎密局」でも急にできたわけではありませんね。徳川時代の終わりから、化学を一生懸命勉強していた人達もいました。

　この時代の日本の化学を代表するのは。宇田川榕庵とその代表作の「舎密開宗」です。1837年に刊行が始まっていますが、木版印刷で和とじの古めかしい本です。しかし、中に用いられている用語の中には、今日でも、用いられているものも少なくありません。そうですね。杉田玄白が「解体新書」を訳したことが、日本の医学の発展に大きな影響を及ぼしたのは、皆さんも知っています。この宇田川榕庵の「舎密開宗」こそ、日本の化学に同じような影響を与えました。

　化学の伝統が全くと言っていいほどなかったにも拘らず、一生懸命勉強する人がいたというのは、火薬を作るといった実用的な面もありましたけれども、やはり主に知的な好奇心だったと思いますね。実はこれは古代から最近に至るまで、知識人達が化学に接する態度だったんです。化学は文化の一部である。だから知的な人は、音楽や芸術や哲学に関心を持つのと全く同じように、化学に対しても関心を持ったんだと、こういうことなんですね。

　例えば、あの大詩人ゲーテは、化学を熱心に勉強しました。化学者になるためではありません。化学が面白い、化学が彼の知性を刺激したからなんです。彼は「親和力」という小説を書きました。言ってみれば恋愛小説なんですが、実はこれはただの恋愛小説ではありません。当時の最先端の化学理論「親和力説」を、恋愛関係に当てはめようというアイディアに基づいた小説なのです。ゲーテにとっては、化学は人間の営みの重要な側面でした。

　私が、このケミストーリーで強調したいのも、まさにそういうことなんですね。これを聞いていらっしゃる皆さんが、全部が化学者になるわけではない、それは確かだと思います。しかし、化学は文化の一部です。ですからすべての知的な人が、化学に対して好奇心を持つことができるはずであり、またそうでなければならないな、と思います。こういう考え方に皆さんが馴染めるように、私は一生懸命お手伝いしたいと思います。

Chemical Story 2 Atoms and Molecules
Scientists

Dalton, John 1766-1844. The English scientist who first proposed a modern atomic hypothesis. His hypothesis clarified many chemical facts, e.g, when one atom of carbon combines with one atom of oxygen, it forms carbon monoxide, with two atoms of oxygen carbon dioxide. However, Dalton assumed simplicity and so he mistakenly believed that water consisted of one atom of hydrogen and one atom of oxygen. Nontheless his groundbreaking achievement is not dimmed thereby. In addition to his hypothesis, he also produced the first table of relative atomic weights; thus allowing estimates of the molecular weights of compounds produced by combined atoms.

Japanese and Corresponding English Technical Terms

原子[ゲンシ] = atom; 分子[ブンシ] = molecule; 元素[ゲンソ] = element; 炭素[タンソ] = carbon;
酸素[サンソ] = oxygen; 一酸化炭素 = carbon monoxide; 二酸化炭素 = carbon dioxide;
原子核[カク] = atomic nucleus; 電子[デンシ] = electron; 粒子[リュウシ] = particle.

日本語の学術用語の定義

原子 = アトムの訳語。物質を構成する1単位；分子 = 原子の結合体で、物質がその化学的性質を保って存在しうる最小の構成単位と見なされるもの；元素 = 万物の根源をなす究極的要素；原子核 = 原子の中核をなす粒子；粒子 = 物質を構成する微細な粒[つぶ].

単語

もっぱら = それを主として；作業[サギョウ] = 肉体や頭脳を働かせて仕事をすること；
頭脳[ズノウ] = 思考力；些細[ササイ] = きわめて細かいこと.

ケミストーリー2 「原子と分子」

　皆さん、こんにちは。今日のテーマは「原子と分子」です。もう今では小学生だって、物質が原子から成り立っていることを知っています。しかし、人間が原子というものを考え出し、またその存在を証明するには、長い時間がかかりました。なんといっても原子は小さくて、見ることができません。そういったものについて、正しい知識を得るのは、見えるものについて正しい知識を得るのよりも、はるかに大変なわけですね。

　それではいったい人間は、どうして原子というものを思いついたんでしょうか。それは、実はもっぱら考えることによってだったんです。それでは、私達も考えてみましょう。

　ここに豆腐[トウフ]があります。味噌汁[ミソしる]に入れるというので、二つに切り、またそれを二つに、またそれを二つにというふうに切っていきます。実際の豆腐ですと、あるところまでいくと、それ以上作業は続けられません。しかし私達は、頭の中でこの作業を続けることはできます。ここで二つの考え方、二つの可能性が出てきますね。一つは、いつまでも豆腐を二つに切りつづけることができる、という考え方です。これは、一見もっともな考え方ですが、これに対して、あるところまでいくと、もうそれ以上二つに分けることのできないような、そういう言ってみれば、豆腐の最終的な単位に到達するだろう、という考え方も出てまいります。

　で、第一の考え方は、豆腐がひとつなぎのものでできているという、いわば「連続説」であるのに対して、もう一つの考え方は、豆腐が粒子、あるいは原子からできている、という「原子説」になるわけですね。

さて、今日、私達が高等学校で学ぶような原子説を最初に唱えたのは、イギリスの化学者ドルトンでした。彼は、物質が何種類かの元素からできているということ、そして、元素は、原子と呼ばれる小さな粒子からなりたっているんだと、こういう考え方を主張いたしましたが、そういたしますと、当時知られていた、いろいろな化学的な事実がうまく説明できました。

　例えば、炭素原子1個と酸素原子1個が化合すると一酸化炭素が、炭素原子1個と酸素原子2個が化合すると、二酸化炭素になりました。一定量の炭素と化合する酸素の量は、ちょうど1対2になります。こういったことは、すべて原子説を仮定すると非常にうまく説明できますね。

　しかし、ドルトンの原子説にも、若干問題がなかったわけではありません。例えば彼は、自然というものはなるべく単純じゃなくてはならないと、こう思いましたので、水というものは、水素原子1個と酸素原子1個が化合して、HOというもので、こういうふうにできるんだと考えたのです。で、これは、第2回[このテーマについて次ぎの回]にもお話ししますように、いくつかの問題点をひき、引き起こしてしまいました。しかし、こういったことは些細なことであって、原子というものの存在を、はっきりと打ち出したドルトンの功績は、誠に偉大なものであります。

　で、ドルトンが特に偉大だったもう一つの理由は、原子量という考え方を打ち出したところです。つまり、ドルトンは、原子によって、ある違った重さがある。で、その重さを求めることができるんだ、という考え方を出したわけですね。ドルトンが、作った原子量表は、世界で最初の原子量表であり、ここに原子の相対的な重さが記されているわけです。こうして、いろいろな物質によって異なる種類の原子が化合していろいろな物質をつくる、そういうダイナミックな物質感が、ドルトンによって提案されたわけですね。

　で、もちろん今日私達が理解している原子は、ドルトンの原子とは少し違います。中心に原子核があって、~~その周りを原子が取り巻いているというものです、~~ **電子が取り巻いているというものですね。**で、その電子は粒子ともいえるし波ともいえる、まあ、確かにドルトンのイメージとは違います。しかし、**物質が原子から成り立っているということを、最初にはっきりと主張したドルトンの偉大さ**というのが、少しも失われるということはありません。

Chemical Story 3 The Idea of Molecules and Avogadro's Number
Scientists

Gay-Lussac, Joseph 1778-1850. This French scientist was the first to research the relative volumes of gases in chemical reactions. His results for hydrogen and oxygen reacting to form water vapor found that 2 volumes of hydrogen combined with 1 volume of oxygen to form 2 volumes of water vapor, thus contradicting Dalton's supposition that it would be 1 volume of each. This led to Dalton doubting Gay-Lussac's research and Gay-Lussac doubting Dalton's atomic hypothesis.

Avogadro, Amedeo 1776-1856. This Italian scientist solved the conflict by proposing that the atomic particles of many gases consist of two atoms, not one; he called these entities molecules. Thus, if water vapor particles consisted of two atoms of hydrogen and 1 atom of oxygen, his proposal satisfied Gay-Lussac's 2 to 1 to 2 volumes for hydrogen, oxygen and water vapor. He proposed his sensible idea in 1811, but the chemcal community had not yet come to agrement on atomic theory. Consequently confusion reigned regarding atomic weights.

Kekulé, Friedrich 1829-1896. This famous German organic chemist convened an international congress of chemists in 1860 to resolve this confusion. The congress was held in Karlsruhe.

Cannizzaro, Stanislao 1826-1910. This Italian chemist strongly urged the congress to accept Avogadro's solution to the confusion regarding atomic weights. Although his strong restatement of Avogadro's thinking was not immediately accepted, as the years passed, it finally was.

Loschmidt, Johann 1981-1895. This Austrian phyicist was the first to estimate the number of molecules in a mole of any substance, thus giving further support to Avogadro's thinking for if Avogadro's thinking was correct, then one mole--the molecular weight expressed in grams-- of every substance should contain an equal number of molecules. Later estimates were in the same range, the well known Avogadro number 6×10^{23}.

Japanese and Corresponding English Technical Terms

アボガドロ数 = Avogadro's number; 水蒸気[スイジョウキ] = water vapor;

整数[セイスウ] = an integer; 電気[デンキ]分解[ブンカイ] = electrolysis.

電気分解[*sic*] = Professor Takeuchi inadvertently used the term describing the reverse reaction in which water is electrolyzed rather than the formation of water vapor from hydrogen and oxygen.

日本語の学術用語の定義

水蒸気 = 水が蒸発して気体になったもの；整数 = 1から始まり、次々に1を加えて得られる数.

単語

矛盾[ムジュン] = 同一の命題が肯定されると同時に否定されること；食[く]い違[ちが]い = うまく一致しないこと；先輩[センパイ] = 先に生れ、または学芸・地位などで先に進む人；途方[トホウ]もない = 条理にはずれている.

ケミストーリー3 「分子に付いての考え方とアボガドロ数」

　皆さん、こんにちは。今日のテーマは「粒子の集まり」[NHKテーマ]「モル」つまり分子のお話です。分子という考え方が、どんなふうにして出てきたのかを、お話したいと思います。

　ドルトンが原子説を出した時、彼は自然というのは単純であるべきだと、そう信じておりましたから、水素とか酸素は、それぞれ原子1個づつで存在していると考えていたのでしたね。しかし、この考えですと、いろいろ矛盾が出てくることがわかりました。

　フランスのゲイ・リュサックという学者は、気体が関係する反応をいろいろ研究してまいりましたが、その際に、この反応に関係する気体の体積の間には、簡単な整数の比が成り立つということを見い出しました。「気体反応の法則」と呼ばれている反応ですね、**法則ですね**。水

ができる場合、水素と酸素とできる水蒸気の間には、２対１対２というこういう関係が成立したのです。

　ところが、ドルトンの考え方に従うと、これは前にお話しましたように、この関係は、１対１対１にならなければいけないわけで、ドルトンは、ですから、気体反応の法則を信用しませんでしたし、ゲイ・リュサックも原子論をどこまで受け入れていいのか、お互いに困ってしまったような状況が続きました。

　この食い違いは、イタリアの化学者アボガドロが提案した分子という考えで解決できることが、実は明らかになってまいりました。アボガドロはこういうふうに考えました。多くの気体は、原子１個ではなく原子２個で一つの単位として存在している。もしそれを分子と呼ぶならば、水素も酸素も分子として存在している。このアボガドロの考えと、そして、水は実は、水素原子２個と酸素原子１個からできているということ、これはまあ電子分解[sic]の結果わかったことですが、この考えとをつき合わせてみますと、ゲイ・リュサックの気体反応の法則、すなわち水と酸素から水蒸気ができる時に、その体積比が２対１対２なるということが、この図に示すように、非常にうまく説明できるわけですね。

　アボガドロがこの考えを出したのは、1811年のことでした。ですからまだ、原子論すら充分に認められなかった時代なのです。ですから、原子２個がくっついて分子になっているというようなことを学者達はすぐには信じてくれませんでした。しかし、実は、そのために化学の世界には大変な混乱が生じてまいりました。それは、化学の量的な関係の基礎になるあの大事な原子量、これが人によって違う値を使うというような時代が出てきたからです。何か物の長さを議論する、そんな場面を考えてください。人によって１メートルのイメージが違うとすれば、これはもう話しにもなりません。原子量に関して、化学では実は、このようなことが起こってしまったのです。

　そこで、ドイツの学者ケクレは、1860年に当時の世界の名高い学者達に手紙を書いて、ひとつ皆で集まって、この原子量の問題を議論しようと、いうふうに呼びかけました。そして、世界中から百数十人の学者がドイツのカルルスルーエという街に集まって、この原子量の問題を議論したのです。

　その中に、イタリアのカニッツアーロという学者がいました。カニッツアーロは、自分の先輩のアボガドロの考えを使えば、この原子量の問題もすべて解決するということに気が付いていましたので、力強くそのことを主張いたしました。アボガドロ、カニッツアーロの考えが、すぐに学者達によって認められたわけではありません。しかし、次第にその考え方が受け入れられ、原子量についてのやっかいな問題も解決してまいりました。

　さて、このアボガドロの考え方を使いますと、気体１モルつまり、分子量にグラムの単位をつけたその量に含まれる分子の数は、種類によらないで一定ということになりますね。このアボガドロ数と呼ばれる数、これを求めるのが、学者達の大変重要な問題になりました。最初にそれを手がけたのは、オーストラリ、**オーストリア**の学者のロシュミットという人で、1865年にそれを実現いたしました。その後多くの学者がアボガドロ数を求めましたが、どんな方法を用いてもいつでも大体同じ値、あの皆さんも知っている、６かける１０の２３乗という途方もない数になったのです。これは、アボガドロの考え方、そして、ひいてはその元になっている原子説が正しいということの何よりの証拠でした。

7

Chemical Story 4 Expressing Change with Symbols
Scientists

Dalton, John 1766-1844. His symbols for the elements employed circles, in part a hold over from the dependence on alchemical symbols, which had been the practice of chemists in the 18th century. However, circles were also appropriate for his atomic hypothesis. His innovation was to introduce letters, for example, G in the circle for gold and S for silver.

Berzelius, Jöns 1779-1848. This Swedish chemist, 20 years after Dalton's table of elements appeared, created a table of elements that simply used letters, one or two. It is essentially the same as our modern symbols for the elements, with some slight differences.

Japanese and Corresponding English Technical Terms

記号[キゴウ] = symbol; 化学反応[ハンノウ] = chemical reaction; 錬金術[レンキンジュツ] = alchemy; 王水[オオスイ] = aqua regia; 金[キン] = gold; 銀[ギン] = silver; 白金[ハッキン] = platinum; 貴金属[キキンゾク] = noble metals; 濃[ノウ]硝酸[ショウサン] = concentrated nitric acid; 濃[ノウ]塩酸[エンサン] = concentrated hydrochloric acid.

日本語の学術用語の定義

化学反応 = 物質を構成する原子の結合の組換えを伴う変化；錬金術= 古代エジプトに起り、アラビアを経てヨーロッパに伝わった原始的な化学技術；王水 = 濃硝酸と濃塩酸の混合液。通常の酸に溶解しない金・白金などの貴金属を溶解できる；貴[キ]金属 = 空気中で酸化しないで、化学変化をおこしにくい金属.

単語

師[シ] = 学問・技芸を教授する人；弟子[デシ] = 師に従って教えを受ける人；免許[メンキョ]皆伝[カイデン] = 師から弟子に芸道などの奥義をことごとく伝授すること；独特[ドクトク] = そのものだけが特別に持っているさま；象徴[ショウチョウ] = 目に見えない物事を形のある別の物で端的に表すこと；むさぼる = 満ち足りることなく欲する；喰[く]う = 食物を口に入れ、かんでのみこむ；秘密[ヒミツ] = かくして人に知らせないこと；万人[バンジン]向き = 誰にでも向くこと；三日月[みかづき] = 月の第3夜過ぎ頃に出る月；名残[なごり] = ある事柄が起こり、その事がすでに過ぎ去ってしまったあと、なおその気配・影響が残っていること；表[おもて] = 人の目に立つ方の面；ちんぷんかんぷん = わけのわからないことば.

ケミストーリー４ 「変化を記号で表す」

皆さん、こんにちは。今日のテーマは「変化を記号で表す」。つまり、化学反応式とか、あるいはそれに用いられる元素記号がどんなふうにして使われるようになったか、そんなお話です。

さて、昔、錬金術師達は、例えば金の作り方といったような、彼らが考案した化学反応を弟子達に、免許皆伝のような形で伝えるのに一種独特の極めて象徴的な表現を用いました。彼らにとって金はいつでも太陽で、そして銀は月で表されました。そうして、この金であるところの太陽をむさぼり喰うライオンは、金を溶かす力を持っている王水などを表しているわけですね。ですから、この図は金を王水で溶かすといった化学反応を表している図である、ということもできます。

このように、錬金術師達の使った表現、記号と、今日、私達が使っている表現元素記号等を比べると、本質的に大きな差がありますね。錬金術師達の記号は、秘密主義、彼らのサークルだけに分かればいいという、そういう記号でした。それに対して、現在私達が使っている記号は、全ての人にわかる、万人向きの記号なんですね。それでは、これらの記号がどういうふうに作られていったのでしょうか。

　18世紀には、化学者達はまだ錬金術師的な記号にこだわっていました。今、この中で三日月が見えますね。これが実は銀を表しているわけです。

　19世紀になって、ドルトンが登場するわけですけれども、こういうドルトンの元素記号を見ますと、まだ錬金術師的な感じと、そして現在使われている元素記号、この中間にあることがわかりますね。この小さな丸を使ったということは、やはりドルトンの原子論的な考え方、これが表にある、一方では、錬金術師的な名残が見られます。しかし、このアルファベットの使用というのが、新しさを感じさせますね。ゴールド金のG、シルバー銀のSなどがいい例になるかと思います。

　今日、私達が使うような元素記号、これを提案したのは、ベルセリウスという学者で、ドルトンの提案から20年ほど後の話です。彼はアルファベット一文字、あるいは二文字からなる、今日の元素記号を提案しました。これらの例を見ていただきますと、現在私達が使っているものと、全く同じであることがわかります。中には、現在我々が使っているのとちょっと違うものもありますけれども、現在の元素記号はベルセリウスによって築かれたと、いうふうに言うことができます。

　この現在使われている元素記号の特徴は、これはまあ、誰にでも理解できる万人向きのものであって、たとえ化学そのものが、それぞれの異なる国の言葉で書かれていても、この元素記号に関する部分だけは、誰でもが理解できる、そういう性質を持っております。

　例えば私は今ここにギリシャ語の教科書を持っています。英語で、"It's Greek to me."と言うと、「それは私にとってギリシャ語だ、ちんぷんかんぷんだ」とそういう表現になります。確かにギリシャ語の本はちんぷんかんぷんですね。でも化学記号、化学式のところを見ると、これは、何が書いてあるか、ということがよくわかるかと思います。　もう一つ珍しい教科書があります。これはヘブライ語で書かれた、つまりイスラエルの国の人々が使う化学の教科書です。これは、全く私達が使う文字とは違う文字ですけれども、やはりこの化学式のところは、ちゃんと誰にもわかるようになっています。

　このように現在私達が使っている化学式と元素記号、これは本当に全世界共通なわけです。現在世界は、民族、政治、言語そういったものの違いによって、到底一つとは言えない状況です。しかし、共通の言葉を使う化学は、世界に共通です。この化学の精神を生かして世界を一つにしたいものだと思っています。

Chemical Story 5 Solids, Liquids, and Gases
Japanese and Corresponding English Technical Terms

物質[ブッシツ]の三態[サンタイ]変化 = changes between the three physical states of mattter;

理科[リカ] = science (as taught in schools); 沸点[フッテン] = boiling point;

沸騰[フットウ] = boiling; 融点[ユウテン] = melting point; 融解[ユウカイ] = fusion;

ナトリウム = sodium; 実験室[ジッケンシツ] = laboratory; 設備[セツビ] = equipment;

常温[ジョウオン] = ordinary temperature; ブタン = butane; 永久[エイキュウ]気体 = permanent gas;

臨海[リンカイ]温度 = critical temperature; 絶対[ゼッタイ]温度 = absolute temperature;

三重点[サンジュウ]点 = triple point; 超[チョウ]伝導[ンドウ] = superconductivity;

電気抵抗[テイコウ] = electrical resistance; 磁石[ジシャク] = magnet;

診断[シンダン] = a medical examination; 医療[イリョウ] = medical treatment;

動力[ドウリョク] = motive force.

日本語の学術用語の定義

理科 = 学校教育で、自然界の事物および現象を学ぶ教科；沸点 = 沸騰する際の液体の温度；
沸騰 = 液体を熱したとき、その蒸気圧が液体の表面にかかる圧力よりも大きくなると、
内部から気化が生ずる現象；融点 = 固体が融解する温度；融解 = 固体が熱せられて
液体となる変化；実験室 = 科学研究の目的の下に実験を行う設備のある室；
設備 = ある目的の達成に必要なものを備えつけること。また、その備えつけられたもの；
備[そな]えつける = ある場所に置いて使えるようにしておく；
永久気体 = 19世紀の半ば頃には水素・酸素・窒素などは液化不可能と考えられ、永久気体と
呼ばれた。しかしその後、気体液化の条件が明らかにされ、臨界温度以下の温度で圧力を
加えることにより、すべての気体は液化された；絶対温度 = 原子・分子の熱運動が
全くなくなり、完全に静止すると考えられる温度を最低の零度、水の三重点を273.16度と定め、
目盛間隔はセ氏のそれと同じにとった温度目盛；三重点 = 一物質の気相・液相・固相の
共存する状態；動力 = 機械などを動かす力.

単語

挟[はさ]む = 間に入れる；ピンと来る = 相手の態度やその場の雰囲気から、事情や訳が
直感的にわかる；照明[ショウメイ] = 光で照らして、明るくすること；見[みい]出す =
見つけだす、発見する；容器[ヨウキ] = いれもの；こだわる = 必要以上に気にする；
登山家[トザンカ] = 山によく登る人；もしかして = 物事を仮定していう表現。もしを強める
言い方；見出努力[ドリョク] = 目標実現のため、心身を労してつとめること；
目標[モクヒョウ] = 目的を達成するために設けた的；心身[シンシン] = こころとからだ；
難物[ナンブツ] = 扱いにくい人；頑[ガン]張[ば]る = どこまでも忍耐して努力する；
好奇心[コウキシン] = 珍しい物事、未知の事柄に対する興味；
興味[キョウミ] = 物事にひきつけられること.

ケミストーリー5「固体・液体・気体」

皆さん、こんにちは。今日のテーマは、「固体・液体・気体」つまり物質の三態変化のこ
とですね。もう小学校の理科の教科書に、水の三態変化のことが載っていますから、これは誰
もが知っている話です。水が室温を挟んで0℃から100℃という比較的狭い範囲の間で、この

三態変化を見せてくれるんですけれども、これは実は大変ラッキーなことであって、他の物質が全部こううまくいくとは限りません。

　例えば、鉄を考えてみましょう。鉄の、一番上が沸点ですね。それから融点。これは、到底実験室で簡単に作れるという温度ではありません。ナトリウムになりますと、融点が98℃というんですから、注意深くやれば、実験室でもできないことはありません。沸点の、もそれほど高くはありませんね。で、ナトリウムは881℃以上に熱すると、蒸気になるわけです。ナトリウムの蒸気というと、ちょっとピンときにくいかも知れませんが、実は、高速道路を照明したりしているナトリウムランプの中には、このナトリウムの蒸気が封[フウ]じこまれているわけですから、まあけっこうそれなりに、身近な物質であるということができますね。

　さて、今、金属の三態変化の話をしますが、して、<u>しましたけれども</u>、それじゃ常温で気体の物質、これの三態変化はどうなんでしょうか。気体を冷やしていくと液体になる、ということは、18世紀の末にすでに見出されていました。例えば、アンモニアが液体にされたのは、1799年のことなんです。常温では気体だけれども、圧力をかけてやると液体になる、というようなことも分かってまいりました。例えば、これはガスライターの中に入っているブタンですね。ブタンは常温では気体の物質ですけれども、このライターの容器の中では、圧力がかかっているので液体になっているわけです。こんなふうに気化して燃えるわけですね。

　さて、しかし、こうやってもなかなか液体にならない気体もありましたので、水素とか酸素、そういったものですね。化学者達は、これはもしかして液体にはできないのか、と考えて「永久気体」という名前を付けたりいたしました。しかし、これはどうも化学者にとって、こだわりたいことでした。なんとか液体にしたい、というわけですね。これはちょうど登山家が、まだ登られていない山を見ると、どうしても登ってやりたくなる、そういう気持ちに通ずるものがあるかと思います。

　そういった学者達の努力が実を結んで、永久気体と思われていた水素なども液体になるということが次第に見出されてまいりました。しかし、一番の難物はヘリウムでした。ヘリウムはようやくマイナス<u>272</u>℃に、**269**℃に下げて、初めて液体になったんですね。これは絶対0℃よりもわずか4℃上だけという、非常に低い温度ですね。さらにもう一つがんばりまして、マイナス272℃、つまり絶対温度で1℃まで下げますと、ヘリウムも固体になります。つまりこうしてヘリウムのようなものも、三態変化を示したわけですね。

　さて、今、注目を集めているのは液体ヘリウムです。マイナス269℃という温度に冷やしますと、いろいろな物質が思いがけない性質を示します。超伝導の現象もよく知られていますね。ある種の合金は、この液体ヘリウムの温度にいたしますと、ほとんど電気抵抗がなくなります。この現象を利用して、非常に強力な磁石が使われます。そして、その磁石を使ったNMR-CT、あるいはMRIと呼ばれる装置は、いろいろな病気の診断に使われていますね。それからまた、超伝導磁石は、未来の交通機関リニアモーターカーの動力としての可能性も検討されています。

　さて、このように化学者達は三態変化、とくに気体を液体にするということにこだわってまいりました。しかしこれは、もっぱら知的好奇心に発した研究だったわけですね。それが、医療とかあるいは交通といった応用面にも注目されるようになってきているわけです。これは、研究テーマとその成果との関係を教えてくれる、非常に面白い例ということができます。

１１

Chemical Story 6 The Volume of Gases
Scientists

Boyle, Robert 1627-1691. Author of the *Sceptical Chemist*; challenged Aristotle by favoring experimentation; supported Toricelli's experiments that produced a vacuum; explained the elasticity of air, established that the volume of air is inversely proportional to the pressure.

Newton, Isaac 1642-1726. Climaxed the scientific revolution in astronomy and mechanics.

Aristotle 384 B.C.- 322 B.C. Dominated physics before the Scientific Revolution.

Torricelli, Evangelista 1608-1647. Proved atmospheric pressure by barometric experiments.

Hooke, Robert 1635-1703 Brilliant researcher, once worked with Boyle on the volume of gases.

Charles, Jaques 1746-1823. Expansion of gases with temperature; balloonist.

Gay-Lussac, Louis 1778 - 1850. Laws of gases; balloonist.

Japanese and Corresponding English Technical Terms

天文学[テンモンガク] = astronomy; 力学[リキガク] = mechanics; 真空[シンクウ] = vacuum; 水銀[スイギン] = mercury; U字管[カン] = U tube; 気球[キキュウ] = balloon。

日本語の学術用語の定義

天文学 = 天体とその占める空間に関する科学；力学 = 物体の運動や力の釣合に関する物理法則を研究する物理学の一部門；真空 = 物質のない空間；気球 = 熱した空気や水素・ヘリウムなど空気より軽い気体をみたして空中に浮遊または上昇させる袋.

単語

登場 [トウジョウ] =舞台・場面に人物や事物があらわれること；懐疑 [カイギ] = 疑いをもつこと；題名[ダイメイ] = 書物・詩文などの標題の名；謳 [うた]う = ある事をさかんに言いたてる；挑戦[チョウセン] =たたかいをいどむこと；重[おも]み = 重量；弾[はじ]ける = 勢いよく飛散る；訪[おとず]れる = ある場所や人の居所をたずねる；塀[ヘイ] = 家や敷地などの境界とする囲い；敷地[しきチ] = 建物や施設を設けるための土地；地看板[カンバン] = 特定の場所を人目につくように記してかかげたもの.

ケミストーリー六「気体の体積」

皆さんこんにちは。今日のテーマは気体の体積ですから私は「ボイルの法則」に関連した話をいたしましょう。「ボイルの法則」が発見されたのは、17世紀の終わりのほうで、高校化学で学ぶ他の法則がほとんど19世紀に発見されているということからいうと、ずいぶんこれは古い話だということができますね。

さてこのボイルの時代には、ニュートンも登場して、天文学や力学の分野で新しい世界を開きました。「科学革命の世紀」であると17世紀を定義する学者もたくさんいます。

で、この人、**この時代**の科学者たちは、アリストテレスといった古代の学者の権威をまず否定してかかった、ということから始まりました、**仕事を始めました**。ボイルの代表的な著作である『懐疑的化学者』にも、この題名にもその思想が謳われていますね。アリストテレスを懐疑的にみる。信ずるのは自分の実験、自分の観察だけであるというわけですね。で、このボイルはまずアリストテレスの真空に対する学説に挑戦することから仕事を始めました。アリストテレスは「自然は真空を嫌う」と言って、真空の存在を否定したのです。

これに対して、近世になってガリレオの弟子のトリチェリは、有名なこの「トリチェリの真空」と呼ばれるようになった実験で真空を作ってみせました。ガラス管に水銀を詰め、ひっくり返すと水銀が重みで下がり、その上に真空ができるわけです。しかしこの真空を外に取り出すことはできません。そこで、真空派の人達は「真空は壊れやすいのだ」と主張したわけです。いったい「真空を壊すものは何か」それは空気ですね。それでは、そこらの辺はどうなっているのだろうか、これを明らかにするのが、ボイルの役目だったわけです。ボイルは「空気はバネみたいなものだ」と考えました。バネですから力を外してやれば弾けて飛びます。空気に真空が触れますとちょうどこの力が、このかけた力が抜けたバネのようになって空気弾けて真空を壊してしまう。

　そういう考えを証明するために、ボイルは、弟子の有名なフックと協力して、図のような実験をしました。先の閉じたU字管に空気を詰めて水銀の量を加減して、かける圧力を二倍、三倍といたしますと、空気の体積は二分の一、三分の一というふうになります。彼はその逆もやりました。真空ポンプを作って空気の圧力を、**この空気にかける圧力を**、二分の一にします。そうすると体積は、三、二倍というふうになる。つまり空気の体積は、気体の体積は、圧力に反比例する、というこの「ボイルの法則」を確立したわけです。

　イギリスの古い大学街オックスフォードを訪れますと、ボイルやフックが実験した建物がまだ残っています。そしてその建物の塀には、「ボイルとフックがここで気体の有名な実験をしたんだと記した看板が出ています。みなさん、イギリスに行かれたら、是非この歴史的な場所を訪れてください。

　さて、気体の体積と温度との関係については、ボイルははっきりした結論は出せませんでしたけれども、百年、**約百年後**にフランスのシャルルは、どうもそれは気体の体積と温度とは、ほぼ比例の関係にあるらしい、ということを確かめました。そして、気体反応の法則で有名なゲイ・リュサックも、それをいっそう正確に確かめましたので、この体積と温度との関係の法則を、「シャルルの法則」あるいは「ゲイ・リュサックの法則」と呼ぶわけですね。

　さて、私は、このシャルルとかゲイ・リュサックを、気体の法則についてお話いたしました。ところが、実は、当時は、彼らは、決して気体の研究者として有名ではなくて、むしろ有名な気球乗りとして知られていたんです。つまり今日でいえば、まあ宇宙飛行士[astronaut]のような立場だったんですね。シャルルが乗った気球を、が、空に高く揚がっていくのを四十万人ものパリッ子が見物したといいますし、ゲイ・リュサック、これが、今、気球に乗っていますけれども、当時としては、新記録の七千メートルもの高度を達成し、十数時間滞空して、いろいろな化学的な分析を行った、ということです。このように当時は、化学者は、いわば最先端な科学の世界を歩んでいた、非常に化学者にとっては、夢の多い時代だったんですね。

Chemical Story 7 Materials Requisite for Making Balloons
Scientists

Van Helmont, Joannes 1579 - 1644. Discovered carbon dioxide. Originated the word "gas."
Cavendish, Henry 1731 -1810. Discovered hydrogen.
Priestley, Joseph 1733 -1804 and **Scheele**, Carl 1742 - 1786. Both discovered oxygen.
Rutherford, Daniel 1749 - 1819. First to publish discovery of nitrogen.
Montgolfier, Ètienne 1745- 1799 and Michel 1740 - 1810 First to lift a hydrogen-filled balloon.

Japanese and Corresponding English Technical Terms

水素[スイソ] = hydrogen; 二酸化[サンカ]炭素[タンソ] = carbon dioxide; 酸素[サンソ] = oxygen; 窒素[チッソ] = nitrogen; ゴム = rubber; 宇宙[ウチュウ]船[セン] = space ship.

日本語の学術用語の定義

ゴム = 力を加えると大きく変形し、その力を除くとすぐに元の形状に戻る性質をもつ物質の総称；宇宙船 = 人間が乗って、宇宙空間を航行するための飛行体.

単語

そもそも = 第一に；いったい = (疑問の意を強く表す語) 本当に；候補 [コウホ] = 将来、ある地位・状態につく資格や見込みのあること。また、その人；落下傘 [ラッカサン] = パラシュート；遠征[えんせい] = 調査・探検などの目的で遠くに行くこと；毬[まり] = 遊びやスポーツに用いる球；雨合羽[あまガッパ] = 雨天の時に着るカッパ；珍重[ちんちょう] = 珍しいとして大切にすること；勇[いさ]む = 気力が奮[ふる]い起る；偵察 [テイサツ] = ひそかに敵の様子をさぐること；再三[サイサン] = たびたび.

ケミストーリー７ 「気球作られる材料」

皆さんこんにちは。今日のテーマ(=NHKテレビのプログラムのテーマ)は、「気体の分子量」ですが、私は前回のあとを受けてもう少し気球の話をしたいと思います。いったい何故あの頃、シャルルやゲイ・リュサックが気球に乗ったのでしょうか。そもそもいったい人間は、いつ頃から気球に乗りだしたんでしょうか。実は、この問題は化学を勉強すると、自然にわかってくるのですね。

さて、もし皆さんが「気球を作れ」と言われたら、どんな材料を探しますか。そうですね。一つは軽い気体、一つは軽い袋。この二つが大切です。

一番軽い気体は、水素です。水素は危ない気体ですけれども、取り扱いさえ気をつければ何とかなりそうです。問題は空気を、**水素を詰める袋**ですね。これはこの水素が洩れるようなことがあってはなりません。

そういった材料の袋がいつ手に入ったのか、水素がいつ発見されたのか、そういう水素を洩らさない袋がいつ使えるようになったのか、これがわかれば、気球が作られた時代がわかる、というわけなんです。

まずその水素のほうなんですけれども(=ですが)、そもそも化学者たちは、気体には空気しか種類がないと長い間思っていました。しかし、16世紀から17世紀にかけて、ファン・ヘルモントという人がいましたが、その人が二酸化炭素を発見して、これで空気以外の気体があることが見つかりました。

それから、イギリスの化学者、キャベンディッシュ達が、18世紀になりますと盛んに気体の研究を始めたんですね。彼が水素を発見したのが1766年のことです。で、同じころ、プリーストリーとかシェーレが酸素を発見する、それからまたラザフォードという人が窒素を発見する、というふうで、このように次から次へと気体が発見された18世紀を「気体の世紀」と呼ぶ学者もたくさんいます。

　で、18世紀に、**19世紀の始め**にドルトンが原子量表を作ったという話をしましたが、そのドルトンの原子量表でも、水素が一番軽い気体として一番最初に登場したんですね。こうして気球の材料の一方は解決いたしました。では、袋のほうはどうでしょうか。
絹は、たしかに有望な候補です。で、実際ナイロンが発明されるまで、絹はパラシュート、落下傘の袋として使われていたんですね。しかし、絹はそのままでは気球の役にはたちません。水素は大変に洩れやすい気体なんです。

　で、しかしこの難問は、ヨーロッパにゴムが紹介される、という思いがけないできごとによってめでたく解決されました。どうやら、コロンブスがからんでいた(=関係していた)ようです。コロンブスがこの遠征のときに原住民の子供たちが、なにか弾む毬みたいなもので遊んでいるのを見て、ゴムを持ち帰ったのが最初だといわれています。

　1770年には、酸素の発見者のプリーストリーが、消しゴムを発明いたしました。英語でゴムのことを「ラバー」といいますね。それは、英語のこの「こする」ラブから由来した、といわれています。

　で、ゴムはいろいろなすぐれた性質を持つために、すぐ、広い応用範囲が見出されたわけです。例えば、このゴムをぬった雨合羽、レインコートなどが大変に珍重されました。で、このゴムを絹にぬると、どうやら気球の袋として、使えそうになる、というわけで、こうして気球を作る第二の材料がそろったわけです。

　こうして有名なモンゴルフィエ兄弟が気球を飛ばせて、パリッ子を湧ませたのは1783年ということになります。で、要するに気球というのは、水素という新しく発見された物質、ゴムという新しく利用されるようになった物質、つまり当時のハイテク製品、今日のまさに宇宙船のようなものだった、わけですね。

　ところで、このハイテク製品というのは、すぐまた軍事目的に利用されるものです。ナポレオン軍が気球を偵察の目的に使ったのが、その証拠ですね。こういったことは、どうも歴史を通じて再三繰り返されているようです。

Chemical Story 8 Units
Scientist
Pascal, Blaise (1623-1662) His research on hydrostatics led to his law known as Pascal's principle, namely, that in a confined fluid at rest pressure is transmitted equally in all directions.

Japanese and Corresponding English Technical Terms
溶液[ヨウエキ] = solution; 濃度[ノウド] = concentration; 均一[キンイツ] = homogenous; 国際[コクサイ]単位[タンイ]系[ケイ] = International System of Units; ミリバール = a millibar; ヘクトパスカル = hecto-Pascal; パスカルの原理 = Pascal's principle; 度量衡[ドリョウコウ] = weights and measures; 分業[ブンギョウ] = division of labor; 子午線[シゴセン] = meridian; 原器[ゲンキ] = the standard.

日本語の学術用語の定義
溶液 = 液体状態の均一な混合物；濃度 = 溶液や混合気体の一定量中に含まれる各成分の量を表すもの；国際単位系 = (système international d'unitésフランス・international system of units イギリス) 1960年の国際度量衡総会で採択された単位系。ＭＫＳＡ単位系を拡張したもので、ＳＩと略称；採択[サイタク] = えらびとること；度量衡 = 長さと容積と重さ；パスカルの原理 = 密閉した静止流体はその一部に受けた圧力を、増減なくすべての部分に伝達するというもの；密閉[ミッペイ] = 隙間なく閉じること；原器 = 度量衡の基本標準となる器.

単語
画面[ガメン] = 像を映し出す面；切[き]り替[か]え = それまでのものを新しい者に替えること；慎重[シンチョウ] = 注意深くて、軽々しく行動しないさま；取りかねない = 理解しそう；政[まつりごと] = 主権者が領土・人民を統治すること；始皇帝[シコウテイ] = 秦の第一世皇帝；秦[シン] = 中国の国名；王朝[オウチョウ] = 帝王親政の宮廷；宮廷[キュウテイ] = 国王の居所；慌[あわ]ただしい = 忙しく、落ち着かない；紆余曲折[ウヨキョクセツ] = 事情がこみいって色々変化のあること；幕[まく]開[あ]け = 芝居で演技の始まること、転じて、物事が始まること；版画[ハンガ] = 木版・銅版・石版などで刷った画の総称。特に木版画を指す場合が多い；冷淡[レイタン] = 同情心のないこと；優先[ユウセン] = 他より先であること；余儀[ヨギ]ない = 他にとるべき方法が無い；敵対[テキタイ] = 敵として対抗すること.

ケミストーリー８「単位」
　皆さん、こんにちは。今日のテーマは「溶液の濃度」[NHKのテーマ]です。濃度というのは、一つの単位ですね。そこで今日はそれにちなんで、単位のお話をしたいと思います。現在わが国では、メートル法とそれがもとになって発展してきた国際単位系、略して「ＳＩ」と呼ばれていますが、それが使われているということを、皆さんご存知ですね。今、画面には「ＳＩ」の基本単位の７つが出ております。で、今後皆さんが、高校あるいは大学で学ぶ物理や化学は、すべてこの「ＳＩ」単位によって作られています。

　日本だけではなくて世界的にみても、この「ＳＩ」単位に国際単位系に切り替えが進んでいますけれども、単位の切り替えというのはやはり慎重に進めなければなりません。何といっても、日常生活に大きな影響を与えるからですね。日本では最近、天気予報でよく使われる気圧の単位が、ミリバールからヘクトパスカルと、ややなじみの薄い呼び名に変わったことに皆さん気づかれたと思います。パスカルは、「ＳＩ」による圧力の単位で、パスカルはもちろん

有名な哲学者、そして、理科の世界ではパスカルの原理、水圧機とかあれですね、パスカルの原理で有名なフランスの総合文化人ですね。

　さて、皆さんは、単位の問題というとなにか非常に理科的なものととりあげ、**取りかね**ないんですけれども、実はこれは、特に昔は非常に大きな政治的な問題だったんですね。この単位、とくにこの「度量衡」の単位を決めるということは、一つの国の政[まつりごと]の最も重要な部分を作っていました。

　例えば、秦の始皇帝、国を統一したときの、にやった最初の仕事の一つが、度量衡の統一だったんですね。ところが、秦が衰えてくると、度量衡も、の単位も乱れてくる。で、新しい王朝が起これば、また単位が統一されるという、そういったことの繰り返しだったようです。狭い所にたくさんの国がひしめいているヨーロッパでは、事情はもっと大変だったようで、単にこの単位がしょっちゅう変わるというだけではなくて、一つの呼び名の単位に対して、国によって違う量が対応しているという、非常にやっかいな事態があったようで、実はこれはまだ、「ヤード・ポンド法」の世界では、まだそれが名残に残っているようなありさまですね。しかし、こういう状態では困るということが、だんだん皆に認識されてまいりました。で、特に18世紀になりますと、機械の生産、特にその当時の非常に重要だった機械である、この兵器の生産が国際的な分業というような体制がとられるようになってきました。そういたしますと、国によって単位が違うというのは、これは大変困ることは明らかですね。

　そこで、この単位を統一しようという動きが出てきたわけですが、そのフランス革命に、実はこの慌しい中に「メートル法」が施行されることになったわけですが、そのきっかけになったのは、有名は三部会なんですね。このフランス革命の幕開けになった三部会で、議論されたことの一つとして、「王様は一人でよい。法律も一つでよい。そして度量衡も一つでよい。」まあそんなことが議論されているんです。国民が混乱した度量衡にどんなに困っていたかということが、これでよくわかりますね。

　さて、その慌しい時期に企画され制定された「メートル法」、長さの単位は、いろいろ紆余曲折ありましたが、結局地球の子午線の長さの4000万分の１を1メートルとする単位が、採用されたわけですね。そしてメートル原器のようなものが作られたわけです。そして、フランス政府も、このメートル法を普及させるために、最大の努力をいたしました。しかしながら、この今見ていただいているのは、フランス政府がメートル法をつかって、**国民に使ってもらう**ための、キャンペーンの版画で、当時のものですね。

　それに対して、フランスと敵対関係にあったイギリスとか、それからイギリスから独立したばかりのアメリカ、こういった国はメートル法に対して極めて冷淡で、フランスがなんとか世界的に普及させようとしたのに対して、冷たい態度をとってしまいました。政治が、科学を優先してしまった一つの例ということができましょう。しかし、そのせいで、イギリスやフランス、**イギリスやアメリカ**では、日常生活では「ヤード・ポンド法」、そして、学校の理科は「メートル法」という二重生活を余儀なくさせられているわけですね。単位の問題一つにしても、世界を一つにするということが、どんなに難しいことかお分かりいただけるかと思います。

Chemical Story 9 Osmotic Pressure
Scientists

Nollet, Jean-Antoine 1700-1770. Along with his many contributions to physics, he was the first to discover osmosis.

Van't Hoff, Jacobus 1852-1911. The distinguished Dutch scientist became the first Nobel laureate in chemistry in 1901 for his studies of osmotic pressure.

Japanese and Corresponding English Technical Terms

薄[うす]い溶液 = dilute solution; 浸透[シントウ] = osmosis; 半透[ハントウ]膜[マク] = semipermeable membrane; 溶媒[ヨウバイ] = solvent; 膀胱[ボウコウ]膜[マク] = bladder membrane; 平行[ヘイコウ]状態[ジョウタイ] = equilibrium state; 逆[ギャク]浸透 = reverse osmosis; 真水[マスイ] = fresh water; 海水[カイスイ] = sea water; 淡水[タンスイ]化 = desalination; 湾缶[ワンカン]諸国 = The Gulf States; 塩化[エンカ]ナトリウム = sodium chloride; 塩化物[ブツ] = chlorides; 細胞[サイボウ]膜 = cell membrane.

日本語の学術用語の定義

浸透 = 濃度の異なる溶液を、半透膜で境する時、溶媒がその膜を通って濃度の高い溶液側に移行する現象；逆浸透 = 溶液と溶媒を半透膜で隔てて、溶液側に溶液の浸透圧より高い圧力をかけると、通常の浸透とは逆に、溶液中の溶媒分子が半透膜を通って溶媒側に移動する。海水の淡水化などに利用；淡水 = 塩分を含まない水.

単語

青菜[あおな] = 青い色の菜；青菜に塩 = 青菜に塩をふりかければしおれることから、人が力なくしおれたさまにいう；遡[さかのぼ]る = 過去または根本にたちかえる；浸[ひた]す = 液体の中につける；解する = 理解する；へこむ = 表面の一部がまわりより低くなる；筒[つつ] = 円く細長くて中空になっているもの；滲[にじ]み出る = 外ににじんで出てくる；兼[か]ね合[あ]い = 両方のつりあいをうまく保つこと.

ケミストーリー９ 「浸透圧」

　皆さん、こんにちは。今日のテーマは「薄い溶液の性質」です。その中で、特に浸透圧の話をしたいと思います。浸透圧は、極めて身近な現象ですね。「青菜に塩」という古いことわざがありますが、これはまるで浸透圧を説明するための、ことわざのような気がいたします。それじゃこの浸透圧は、いつ頃から人々によって注目されるようになったんでしょうか。

　話は、18世紀に遡ります。フランスの化学者ノレは、びんを、**びんに**アルコールを満たして、ブタの膀胱膜で蓋をして、水の中に入れました。そういたしますと、数時間放置しますと、水がアルコールの中に入ったわけですね。この膜が膨れてまいります。で、小さい針でつつきますと、中身がぴゅっと勢いよく飛び出してまいりました。

　ノレは、逆の実験もいたします。今度は、水をびんに詰めて、やはり膀胱膜で蓋をしてアルコールに浸します。そうすると、今度はその水が外に流れでたわけですね。この膜がへこんでまいります。これはどちらも同じことであって、アルコールを水で薄めようという、そういう働きで、**働きが**あると解することができるわけですね。

　この浸透圧と呼ばれるようになった現象を、さらに注目するようになったのは、19世紀になってからで、19世紀の末、特にオランダの有名な化学者ファント・ホッフ、第一回

１８

目のノーベル賞を獲得した人ですが、この現象を徹底的に研究して、浸透圧という概念でまとめたわけですね。で、浸透圧というのは、さきほどもお話しましたように、結局なるべく一様になろうとする自然の傾向の現れと、いうふうに解することができます。

　で、この浸透圧を、**浸透圧の現象**をうまく利用して実際的な目的に役立たせる、そういう話がありますので、映像で見てみたいと思います。

　で、ガラス管の中央に水だけを通す性質、つまり、さきほどの膀胱膜に相当する半透膜をつけて区切り、右側に普通の水、左側に塩水を入れますと、さきほどの原理で塩水を薄めるような方向、水が右から左に移ります。したがって、左側の水位が次第に高くなってまいります。で、この現象が浸透であって、浸透が終わった時の水位の差が浸透圧になるわけですね。で、今のこの状態は、一種の平衡状態で、右側から水が行こうとする勢いと、左側からの圧力がつり合っているんですが、今、左側にもっと圧力をかけてやるとどうなるか、というとそれは予想通り、今度は<u>左側から水</u>、**右側に水**が流れる、つまり塩水はますます濃くなり、真水の量が増える、ということになりますね。で、この時の移動を「逆浸透」といいます。そして、今このような働きをした膜が「逆浸透膜」と呼ばれるんですね。で、逆浸透膜を何重にも重ねて筒にし、中に海水を、高い圧力をかけてから通しますと、筒の外には水が滲み出てまいります。逆浸透によって海水から真水が作れるわけで、いわゆる海水の淡水化ですね。海に囲まれているけれども、真水に乏しい、例えば湾岸諸国では、かなりの量の水が、実際に海水プラントに依存しているということです。

　さて、これが逆浸透膜ですね。非常に薄そうに見えますが、実はこれが何重にも膜が重ねてあって、その中の一枚、厚さがわずか、**わずか**10万分の3ミリ程度のもの、ここに逆浸透膜があるんです。水の分子はとお、**通す**けれども、塩化ナトリウムやそれから塩化物イオンやナトリウムイオンは通さない、そういう逆浸透膜だったわけですね。

　さて、一番最初にお話した、ノレの使った豚の膀胱膜も半透膜であるし、細胞膜のようなものも半透膜ですね。このように浸透圧、これは生命現象に非常に深く関わっております。でこの、浸透と逆浸透の関係というのは、非常におもしろいですね。浸透というのは、自然の傾向、なるべく一様になろうとする傾向、その現れです。逆浸透というのは、その圧力をかけて自然に逆らってやろうというそういう人間のアクションですね。で、それによって塩水はますます濃くなり、真水が増えるという自然とは逆の現象が起こる、その兼ね合いというのが非常におもしろいと思います。

１９

Chemical Story 10 Colloidal Solutions
Scientists

Dewar, James 1842 - 1923. Used charcoal to absorb trace gases in his vacuum-jacketed flask.
Langmuir, Irving 1881 - 1957. Nobel Prize winner; famous for adsorption surface chemistry; experimented with seeding clouds with minute particles of silver iodide to precipitate rain.

Japanese and Corresponding English Technical Terms

コロイド = colloid; 溶液[ヨウエキ] = solution; 分散系[ブンサンケイ] = colloidal system; 分散媒[バイ] = dispersion medium; 分散質 [シツ] dispersoid; 界面[カイメン]化学 = surface chemistry; 人工降雨[コウウ] = artificial rain; ヨウ化銀 = silver iodide; 微粒子 = fine-grains

日本語の学術用語の定義

コロイド＝分子よりは大きいが普通の顕微鏡では見えないほど微細な粒子（コロイド粒子）が分散している状態；溶液＝液体状態の均一な混合物；分散系＝ある物質の微粒子が気相、液相または固相の中に散在している系。この粒子を分散質または分散相、媒質を分散媒という；界面化学＝主として二つの相の境界面に関する物理的・化学的現象を研究する化学の一分科；人工降雨＝雲に沃化銀ようかぎんやドライ‐アイスをまき、人工的に降雨を促進すること；微粒子＝粒状の微小なもの.

単語

散[ち]らばる＝物が散りみだれる；見抜[みぬ]く＝奥底まで見とおす。表に現れない本質を知る；ぴんと来る＝事情が直感的にわかる；膠着[コウチャク]＝ある状態が固定して、動かないこと；吸[す]い付[つ]ける＝物を吸うように引きつける；掻[か]きむしる＝むやみに掻く；バタバタ＝次々に倒れたり打ち当ったりする音。また、そのさま；依頼[イライ]＝用件などを人に頼むこと；煙草＝タバコ；工夫[クフウ]＝いろいろ考えて良い方法を得ようとすること；改良[カイリョウ]＝欠点を改めてよくすること；人工[ジンコウ]降雨[コウウ]＝雲にヨウ化銀やドライ‐アイスをまき、人工的に降雨を促進すること；見逃[のが]す＝見ても気づかずにすごす.

ケミストーリー１０「コロイド溶液」

皆さんこんにちは。今日のテーマは、「コロイド溶液」です。私達の身の回りには、いろいろなコロイド溶液、あるいはコロイド状の物質がありますね。牛乳なんか典型的なコロイド溶液ですが、しかし、例えば煙もコロイドだと言われると、ちょっとぴんときません。そこら辺を溶液と比較してみましょう。

このコロイド状態にある物質を「分散系」という言葉で表すとしますと、溶液の溶媒に相当するものを分散媒、溶液の中での溶質に相当するものを分散質と呼びます。で、溶液の場合、溶媒は必ず液体なんですが、分散系の場合には、この分散媒が気体であることもある。例えば煙は、固体の小さな分散質が気体に散らばっているものなんですね。こんなもんですから、これがコロイドだということをすぐ見抜けないわけです。ともかく今日は少し煙の話をいたしましょう。

さて、ここに恐ろしい煙の話があります。第一次世界大戦の中頃、「西武戦線異常なし」[unchanging Western front]といわれたあの膠着状態を打ち破ろうと、ドイツ軍が思い切った手を使いました。ある日、煙がモクモクとドイツの陣地から沸き上がったと思うと、風にのって

それが連合軍の兵士に届きます。兵士は胸を掻きむしってバタバタと倒れる、というあの恐ろしい毒ガス戦が始まったわけです。

　で、それに対する対策として、防毒マスクが作られたわけですね。で、この防毒マスクには、毒を、吸い付く性質を持つ、**吸い付ける**性質を持つ木炭の粉の層が鼻のところに入れられていました。実は、この防毒マスクを工夫したのは、前にヂュワー瓶の発明者として紹介した、イギリスの化学者ヂュワー、彼が非常に大きな働きをしているのです。しかし、この防毒マスクは、実は万能ではありませんでした。と言いますのも、毒がコロイド状態で、つまり煙のような形で来るものに対しては、必ずしも有効ではなかったからなんです。

　こういった問題を解決するように、第二次大戦中にアメリカの政府の依頼を受けたのは、アメリカの物理学者ラングミュアでした。彼は1932年に「界面化学」の研究によってノーベル賞を受賞した大学者です。彼は非常におもしろいキャリアを持っておりまして、彼は一生ずっと民間の会社の研究所で仕事をいたしました。多くのノーベル賞学者が、大学の先生である、というのに対して、非常に対象的であるということができますね。

　ともかくも、ラングミュアがこの研究を始めた時には、煙についてまだほとんど知られていませんでしたけれども、彼は、この問題を解決するには、グラスウールとかアスベストといったようなそういう種類の物質が大変効き目があることを見つけました。この種類の物質は今日でも煙を、から、有毒な、**有害な**物質を取り除く手段として、使われているのは、皆さんもよくご存知の通りです。煙草のフィルターがその一例ですね。

　さて、ラングミュアはその煙に関する研究のなかで、煙を、質のいいというんでしょうかね、大量に、細かい粒の煙を、大量に作る装置がないことに気が付きました。そこで、彼はこの装置をいろいろに工夫、改良して大変に性能をよくしたんです。

　で、この彼の努力は、戦後、彼の人口降雨の実験、研究に大変役立ちました。で、この発煙機は、過冷却された雲が結晶化して雨になる、それを、それに、**その際に**、核といいますか、種になる役目を果たすヨウ化銀の微粒子をさらに送り込む働きをするわけですね。

　さて、その後いろいろの実験によって、ラングミュアの人口降雨法は、非常に効果があるとは言えないということがわかりました。降雨量の増加は、せいぜい5%程度だと言われています。しかし、今日でも、なお、わが国においてでもまだ、時々これが実験されているというようなことからもわかりますように、これに代わる方法は実はまだありません。

　さて、いろいろと人工降雨の話をいたしましたけれども、私が本当に皆さんに理解して欲しいのは、そのことではなくて、ラングミュアの研究の仕方です。彼は誰でもりっぱな学者になれる、と考えました。ただし、そのためには、何事も見逃さない目と、良く考える頭、つまりチャンスは絶対に逃すな、というわけですね。彼はセレンティビティという舌を噛みそうな英語、これは日本語に訳せば、「掘り出もの上手」ということになりますけれども、これを、彼の研究のモットーにいたしました。人工降雨の実験こそ、彼の「掘り出しもの」だったわけですね。さて、皆さんも人生において、是非「掘り出しもの上手」になっていただきたいと思います。

２１

Scientists

Faraday, Michael 1791 - 1867. He sought to pass an electric current through a vacuum but the imperfect vacuums at his time prevented success.

Crookes, William 1832 - 1919. Discovered cathode rays, the electric discharge that emanates from a cathode in an evacuated tube, known as a "Crookes tube." He found that a shadow was produced when a metal plate was inserted in their path and that the rays consisted of negatively charged particles that travel in straight lines.

Thomson, Joseph John 1856-1940. Discovered the negative particles later known as electrons. Using the technique of magnetic bending of charged particles, he determined the ratio of electric charge to the mass of these particles and found that value to be over a 1000 times, now known accurately to be 1837 times, greater than that value for hydrogen ions. He inferred they were of very small mass and constituents of all atoms. NB Professor Takeuchi sacrifices historical accuracy in favor of this more accurate value of 1837 in discussing J.J. Thomson's research. He did so in order to provide the currently correct information for students..

Millikan, Robert 1868-1953. In 1909 established the charge of the electron by measuring and comparing the variety of charges on various oil drops suspended in an electric field, From that value the mass of the electron can be calculated because the charge on the electron and on the hydrogen ion are equal.

Japanese and Corresponding English Technical Terms

陰極[インキョク]線[セン] = cathode rays; ミリカンの油滴[ユテキ]実験 =
Milikan's oil drop experiment.

日本語学術用語の定義

陰極線 = 真空放電の際、陰極から陽極に向かって発する高速の電子の流れ；
ミリカンの油滴実験 = 油滴を用いて電子の電荷量の大きさを決定する精密実験

単語

なじむ = なれて親しくなる；なじみ = なじんだこと；おなじみ = なじみの丁寧語；
繋[つな]がり = 関係；邪魔[ジャマ]物[もの] = さまたげになる物；妨害[ボウガイ] =
さまたげること。じゃますること；設定[セッテイ] = つくり定めること；
貢献[コウケン] = 寄与、他の物の役に立つこと.

ケミストーリー１１ 「電子の発見」

　皆さん今日は。今日のテーマは「原子のなりたち」(=NHKテレビのプログラムのテーマ)ですから、それにちなんで私は、電子の発見の話をいたしましょう。電子が発見されるにいたって、デモクリトス以来、原子はこれ以上分けられない、不可分である、という人間の信念が砕かれたわけですね。ところがこの電子の発見というのは、その発見のきっかけになったのは、原子の研究ではなくて、直接関係のない電流に関する実験だったのです。

　ケミストリーでもおなじみのファラディがまた登場します。彼は、真空を通して電流を流そうと工夫しました。しかしファラディの時代にはまだよい真空ができませんでしたので, 彼の実験はあまりうまくはいきませんでした。ところが19世紀も末になりますと、技術が進歩して、人間はよい真空を作ることができるようになりました。 なかでもイギリスの物理学者クルックスは、とりわけすぐれた技術の持ち主でした。彼はとくに真空度をあげた真空管クルックス管を発明して、その陰極に電流を通じていました。そうしますと、そのクルックス管の陰極からなにかが出てきて、管の反対側を光らせました。また間になにか金属の板を置きますと、

後ろに陰がでます。ですから、この陰極から出てくる何か、つまり陰極線は幻のようなものではなくて、はっきりと実態をもった粒子であるというふうに結論できました。

　同じイギリスの物理学者トムソンは、電場による陰極線の曲がりを観測いたしました。そして、それによると陰極線は小さな粒子でマイナスの電化を持っているということがわかったわけです。しかもトムソンはその陰極線粒子の質量と電化の関係を求めることができました。それによりますと、もしこの陰極線の粒子が、一番小さい粒子である水素原子と同じ質量を持っているとしますと、それが持ちうる電荷は水素が持ちうる、<u>つまり**水素イオンの電荷の1837倍**</u>ということになります。逆に水素イオンと同じ電荷を持っていると考えると、その陰極線粒子の質量は、水素の1837分の1ということになります。どっちが実際なんだろうか。

　これをはっきりさせたのは、ミリカンという人です。アメリカの物理学者で、有名な「油滴の実験」という実験によって、この二つの可能性を明らかにしました。それによりますと、この陰極線の粒子は、水素原子の1837分の1の質量しかない非常に小さな粒子であるということがわかりました。これはその後「電子」として知られるようになったわけですね。

　さて、原子はこれ以上分けられない、不可分である、というそういう原子のイメージから、人間は、電子その他の構造を持つ原子、というものを考えるようになってきたわけですね。

　ところでこのような大きな学問の発展のあとをみてみますと、直接関係のないと思われるような分野の学問の進歩が大きな助けをなしていることがわかります。原子の構造と、それから真空を作る技術、この二つの技術には直接の繋がりがないように見えますね。しかし、よい真空を作るということがその陰極線粒子の性質を知るのに決定的な役割を果たしました。真空にしないと空気という邪魔物があって陰極線粒子が空気とぶつかってしまうので、その性質が現れないわけですね。実験のねらいというのは、なるべく他の要素に妨害されない純粋な実験の設定なわけです。そういった純粋な条件の設定に貢献するような技術の進歩というのが、新しい理論そして新しい化学の発展、登場に非常に大きな役目を果たしているということが、今日の例からおわかりいただけたかと思います。

Chemical Story 12 The Periodic Table of the Elements
Scientists
Döbereiner, Johann 1780 -1849. Introduced idea of triads among chemically similar elements.
Newlands, John1837 - 1898. Tabulated elements in order of atomic weights and formulated the Law of Octaves: properties of the eighth element starting from a given one repeat its properties.
Mendeléeff, Dimitri 1834 - 1907. Chemists increasingly took interest in the Periodic Law when Mendeléeff's predictions of missing elements gained confirmations, beginning with gallium
Boisbaudran, Paul 1838 - 1912. Spectroscopically discovered a new element, gallium.

Japanese and Corresponding English Technical Terms
周期[シュウキ]表[ヒョウ] = Periodic Table; 臭素[シュウソ] = bromine; 塩素[エンソ] = chlorine;
ヨウ素[ソ] = iodine; 三つ組み元素 = triads (of elements); オクターブの法則 = law of octaves;
希[キ]ガス = rare gases; 非金属[ヒキンゾク] = nonmetal; アルカリ金属 = alkali metals.

日本語の学術用語の定義
周期表 = 周期律に従って各元素を配列した表；希ガス = 周期表18族のヘリウム・ネオン
などの総称。化学的に不活発で他の元素と化合する傾向をもたない；アルカリ金属 = 周期表
１族に属する金属、リチウム・ナトリウム・カリウムなどの総称.

単語
統一[トウイツ] = 多くのものを一つにまとめあげること；整理[セイリ] = 乱れた
状態にあるものをととのえ、秩序正しくすること；もしか = 疑いを含む推定を示す語；
完成[カンセイ] = 完全にできあがること；もっとも[尤も] = 道理にかなうこと；
きっちり = ゆるみや隙間[すきま]がないさま.

ケミストーリー１２ 「元素の周期表」

　皆さんこんにちは。今日のテーマは、「元素の周期表」です。周期表は、化学のバイブルと言われているくらい大切なものですが、それではいったい周期表は、いつ頃作られたんでしょうか。現在の我々の元素の定義に基づいて言いますと、古代から中世にかけて、化学者が知っていた元素の数は、たかだか十個くらいだったんですね。18世紀になると、だいぶ元素が見つかってきました。いくつかの気体の元素が発見され、また金属の元素も発見されて、この世紀の終わりには、25くらいの元素が知られるようになりました。

　19世紀になりますと、元素発見のピッチはますます高まって、1830年頃には、約55つまり今日知られている元素の半分以上が知られるようになったんですね。これは化学者にとっては大変うれしいことではあるけれども、さて、元素の数にはそもそも限りがあるんだろうか、という心配も出てきました。

　それから、元素は非常に多様ですね。固体のものもあれば、気体のものもある。反応性の高いものもあれば、低いものもある。こういった様々な元素を何か統一的な考えで、整理できないだろうか、化学者達はそのように考えるようになりました。

　そういった考えを最初に打ち出したのは、デベライナーという化学者です。彼はちょうど発見された臭素の性質が、それまで知られていた塩素とヨウ素のちょうど間にある、ということにヒントを得て、すべての元素はもしかして三つづつで組を作るのではないか、という「三つ組み元素」という考えを出しました。

　これに対して、イギリスのニューランズという学者は、元素を、元素の原子量の順番にこういう風に並べてみますと、ドレミファソラシドと数えて、八つ目のところに性質の似た元素

24

が並ぶ、そういうことに気がついたんです。で、こういったことから、彼はこの法則、これを「オクターブの法則」というふうに名付けたんですね。

「三つ組み元素」「オクターブの法則」それなりにもっともなんだけれども、すべての化学者がそれに納得したではありませんでした。いろんな理由がありますけれども、やはり彼らがこの当時知られていた元素だけで、この「三つ組み元素」を作り、あるいはこの「オクターブの法則」を完成させようとしたところに無理があったんですね。まだ、発見されていない元素がたくさんあったからなんです。

これに対してロシアの化学者メンデレーエフは、まず知られている元素を原子量の順番に並べました。そして、またそれを、今度は何段にも並べかえて性質のよく似た元素が縦の関係になるように工夫いたしました。で、その時、彼は、時にはこの原子量の順番を狂わせてでも、すでに知られるようになっていた原子価に注目して、原子価の等しい元素が縦に並ぶように工夫したんです。そうしてみますと、確かに「三つ組み元素」が横に並んでいるのが見てとれますし、「オクターブの法則」に近いものも周期表のなかに再現されていることがわかりますね。

ところで、このメンデレーフ以外にも、元素をこのように並べて周期表を作る、こういう考えを持った人が他にももちろんいました。しかし、メンデレーフが周期表の父、**周期律の父**と呼ばれているのには、それなりにやはり理由があります。

それは、彼が周期表を完成されたものとせずに、まだ発見されていない元素のために空白を残していた、という点にあります。今、見ていただいているクエスチョンマークが付いているところが、そうですね。そして、それだけではなくて、彼はこのホウ素やアルミニウムやケイ素のすぐ下に未だ発見されていない元素のいろいろな性質を、すでに知られている元素の性質から予言したんですね。そしてそれらに、例えばアルミニウムの下のクエスチョンマークの元素にエカアルミニウムという名前を付けました。

このメンデレーフがクエスチョンマークを付けた元素の中で、最初に発見されたのは、エカアルミウムです。これを発見したボアボードランという学者は、これにガリウムという名前を付けました。メンデレーフが、予測した、予言したエカアルミニウムのいろいろな性質と、ガリウムの性質の一致点を見てください。実に驚くほどよく一致していますね。周期律、**周期表**が単なる偶然の産物だと思っていた学者もいないわけではありませんでしたが、これを見て納得せざるを得ない、というところまでまいりますね。

さて、この周期表が優れている点は、単に知られている元素をうまくおさめることができる、というだけではありません。まだ、知られていない、新たに発見された元素に対する場所もちゃんと用意されている、というところです。例えば、ヘリウムに代表される「希ガス」は周期表以後発見されたものです。この反応性の低い「希ガス」が、反応性の非常に高い非金属元素のハロゲンと、反応性が非常に高い金属製のアルカリ金属の間におさめられるというのは誠にこのもっともな位置ということができますね。

さて、なぜ元素がこの周期表を作って配列されるのか、ということについては、メンデレーエフ自身ははっきりした答えは持っておりませんでした。実際これに対するきっちりした回答が得られるのは、原子の構造が理解されるようになった２０世紀以後のことなんです。このことについてはまた折をみてお話したいと思います。

Chemical Story 13 Sodium and Calcium
Scientists
Davy, Humphrey 1778-1829 Apprenticed to an apothecary-surgeon, he taught himself and within five years was lecturing on chemistry at the Royal Institution in London[ロンドンの王立研究所]. He isolated potassium and sodium by fusion electrolysis as well as calcium, other alkaline earths and boron.

Japanese and Corresponding English Technical Terms
ナトリウム = sodium; カルシウム = calcium; ハロゲン = halogen; アルカリ金属 = alkaline metals; アルカリ土類[ドルイ]金属 = alkaline earth metals; カセイカリ = casutic potash; 水酸化カリウム = potassium hydroxide; 電気分解[デンキブンカイ] = electrolysis; 水溶液[スイヨウエキ] = aqueous solution; 融解[ユウカイ]電解 = fusion electrolysis; カリウム = potassium; 水酸化ナトリウム = sodium hydroxide; カイリアルカリ= casutic alkali; 酸化カルシウム = calcium oxide; 酸化水銀 = mercury oxide; 合金[ゴウキン] = alloy; アマルガム = amalgam; ホウ素 = boron.

日本語の学術用語の定義
アルカリ金属 = 周期表１族に属する金属、リチウム・ナトリウムなどの総称; アルカリ土類金属 = 周期表２族のうち、カルシウム・ストロンチウムなどの総称; 電気分解 = 化合物を水溶液または溶融状態として、これに電極を入れて電流を通じ両電極で化学変化を起こさせること.

単語
手当たり次第になんとでも = あれこれと区別しないで、手にふれるものはどれでもかまわないこと; 郷里[キョウリ] = 生れ育った土地; 広場[ひろば] = 町の中で、集会・遊歩などができるように広くあけてある場所; 薬剤師[ヤクザイシ] = 主として医薬品の鑑定・保存・調剤・交付に関する実務を行う者; 丁稚[デッチ] = 職人または商人の家に年季奉公をする年少者; 奉公[ホウコウ] = 他家に住みこんで、家事・家業に従事すること; 年季[ネンキ] = 奉公人などをやとう約束の年限; 頭角[トウカク]を表す = 学識・才能が人よりめだってすぐれる; 趣味[シュミ] = 専門家としてでなく、楽しみとしてする事柄; 話術[ワジュツ] = 話の技巧; 巧妙[コウミョウ] = すぐれてたくみなこと; 演技[エンギ] = 観客の前で、芝居・曲芸・歌舞・音曲などの技芸を演じて見せること; 名士[メイシ] = 世間によく名を知られた人; 紳士[シンシ] = 品格があって礼儀にあつい人; 淑女[シュクジョ] = 品位のある女性; 大枚[タイマイ] = たくさんのお金; 着[き]飾[かざ]る = 美しい着物を着て身なりを飾る; 埋[う]め尽[つ]くす = 物で場所をいっぱいにする; どろどろ = 固体が溶ける場合、粘りが出ているさま.

ケミストーリー１３「ナトリウムとカルシウム」
　皆さんこんにちは。今日のテーマは「ナトリウムとカルシウム」です。私が高等学校で化学を学んだのは、もう40年近くも前の話なんですけれども、その講義の中で、ハロゲンとかナトリウムの話が出てきた時に、「ああ、これはこれが化学っていうもんだな」と感じました。手当たり次第になんとでも反応してしまうような、ハロゲンとかナトリウム、これが化学の不思議さを表しているように私には思えたんです。皆さんの中にもきっと、私と同じように思われる方がたくさんいるんじゃないかなと思いますね。

　さて、今日は、そのアルカリ金属、そしてアルカリ土類金属を最初に元素の形で取り出した、イギリスの化学者デービーの話をしたいと思います。デービーは、イギリスの南西部の

コーンウォール[Cornwall]地方にあるペンザンス[Penzance]という小さな港町で生まれました。私は、昔この町を訪ねる訪ねたことがありますけれども、町の小さな広場の前の銀行に、郷里の生んだ偉人というわけですね、このデービーの銅像が建っていました。ヨーロッパでは町の広場に化学者の銅像が建っていたり、それから町の通りの名前に化学者の名前が使われている、ということが少なくありません。伝統の差、そしてこの文化、化学というものに対する考え方の違いを表しているように思われますね。

　さて、デービーは17歳の時に、お医者さんで薬剤師であった人のもとに、いわば丁稚奉公を始めました。そして、そこで化学を学び、次第に頭角を現して、22歳の時にはロンドンの「王立研究所」というところに、講師として招かれるに至ったのです。王立研究所は、当時唯一の、世界で唯一の化学を研究する機関であり、同時に金持ちや貴族達が、趣味的に化学を学ぶところでもありました。デービーはここで、巧みな話術とそれから巧妙な演技実験で、たちまちロンドンの名士になったんですね。皆さんはもう信じられないと思うかもしれませんが、当時ロンドンの紳士淑女は、デービーの話を聞くために大枚のお金を払い、かつ着飾って王立研究所に出かけていったんです。

　さて、デービーは、1807年頃から、アルカリ金属を取り出す計画に着手いたしました。カセイカリつまり水酸化カルシュムの中に含まれている金属元素、これを取り出すには電気分解しかない、というわけで、彼はまずその水溶液を電気分解しました。しかし水が電気分解されるだけであったので、工夫して水酸化カリウムのを加熱してどろどろに溶かして、そこに電流を通じてみたのです。そうするときらきらと光る金属が始めて取り出されたんですね。今日融解電解として知られる手法です。

　彼は直ちに次の計画である水酸化ナトリウム、カセイアルカリ、の電気分解に取り掛かりました。しかしこちらのほうが難物だったので、彼は王立研究所の地下室をこのように電池で埋め尽くして大量の電流を使ったのです。そしてついにナトリウムも、金属として取り出すことに成功いたしました。カリウムを取り出してからナトリウムを取り出すまでに、わずか数日の間しかありません。化学の歴史を通して、こんなに重要な発見がわずかに数日の間でなされたということは、それまでにもちろんありませんでしたし、また今後もありそうにもありませんね。

　翌年には彼はさらに次なる計画、つまりアルカリ土類金属を取り出す計画に取り掛かりました。酸化カルシウムを同じように融解電解いたしましたが、カルシウムが取り出された、と思うまもなく電極と反応してしまったのです。

　そこで彼は、次のような工夫をいたしました。酸化カルシウムと酸化水銀とを同じように融解電解してやりますと、カルシウムと水銀が取り出されます。しかしこの二つの金属は直ちに合金を作ります。水銀の合金をアマルガムといいますね。アマルガムの一種は皆さんが歯医者で歯に詰めてもらうものですね。そうしてこのアマルガムの形でカルシウムを取り出した後、注意深く加熱して、水銀を蒸気にして取り出しますと、後にカルシウムが残る、こういう非常に巧妙な方法で、彼はカルシウムを取り出すのに成功したのです。

　彼はこのように少なくとも6種類の元素を単離しただけではなく、ホウ素の単離においても他の化学者に負けない業績を残しました。こうして考えてみますと、新しい元素を発見し取り出すという仕事において、デービーはまさにチャンピオンだということができます。

27

Chemical Story 14 Chlorine and Rare Gases
Scientists

Rayleigh, Third Baron Rayleigh, **Strutt,** John 1842 - 1919. He reexamined the evidence for Prout's Hypothesis, that all atomic weights are integral numbers, after chlorine was discovered to have an atomic weight of 35.5. He discovered a discrepancy between the nitrogen derived from the atmosphere and the nitrogen from chemical compounds. He then worked with William Ramsay to solve this discrepancy and that work led to the discovery of argon, for which he received the Nobel Prize in physics in 1904

Prout, William 1785 - 1850. Calculated in 1815 that atomic weights of all elements are integral numbers when the weight of hydrogen is taken as unity and proposed that hydrogen might be the primary matter from which all other elements were formed, known as Prout's Hypothesis.

Ramsay, William 1852-1916. After Lord Rayleight's announcement in 1892 regarding the discrepancy between atmospheric and chemical nitrogen, he surmised that there might be a heavy gas in the atmosphere. He discovered argon in 1904 and with Rayleigh determined that it is monatomic with an atomic weight of 40. He received the Nobel Prize in chemistry in 1904 for his discovery of inert gases.

Bunsen, Robert 1811-1899. **Kirchhoff**, Gustav 1824-1887. In 1860 Bunsen, a chemist, and Kirchhoff, a physicist, founded the method of spectral analysis to identify chemical elements.

Crookes, William 1832-1919. He confirmed that Rayleigh and Ramsay had discovered a new element.

Travers, Morris 1872-1961 He worked with W. Ramsay at University College and together with Ramsay discovered three inert gase: krypton, neon and xenon in 1898.

Japanese and Corresponding English Technical Terms

塩素[エンソ] = chlorine; 稀[キ]ガス = rare gases; プらウトの仮説 = Prout's Hypothesis; 化合物[カゴウブツ] = chemical compound; 誤差[ごさ] = error; 分光[ブンコウ]分析[ブンセキ] = spectroscopic analysis; 炎色[エンショク]反応[ハンノウ] = flame reaction; 試料[シリョウ] = sample; 成分[セイブン] = component; 属[ゾク] = group.

日本語の学術用語の定義

分光＝光をスペクトルに分けること；炎色反応＝アルカリ金属やアルカリ土類金属などの比較的揮発しやすい化合物を無色の炎の中へ入れると、炎がその金属元素特有の色を示す反応、ナトリウムは黄色、カリウムは紫色；揮発[キハツ]＝固体が気化すること；試料＝試験・検査・分析などに供する物質；成分＝化合物や混合物を構成している元素・物質.

単語

魅力[ミリョク]＝人の心をひきつける力；遡[さかの]る＝過去または根本にたちかえる；先入主[センニュウぬし]＝先入観[カン]＝あらかじめ作り上げられている固定的な観念；囚[とら]われる＝因襲[インシュウ]・伝統・固定観念などに拘束[コウソク]される；因襲＝古くから伝わっている風習；拘束[コウソク]＝行動の自由を制限し、または停止すること；検討[ケントウ]＝ある物事を他方面からよく調べる研究すること；明快[メイカイ]＝すじみちがはっきり通っていて、わかりやすいこと；推論[スイロン]＝推理[スイリ]＝あらかじめ知られていることから筋道を追って新しい知識・結論を導き出すこと；炎[ほのお]＝気体が燃焼して熱および光を発するもの；突[つ]き止[と]める＝徹底的に調べて明らかにする；緻密[チミツ]な＝細かい所まで行き届いた.

ケミストーリー１４「塩素と希ガス」

皆さんこんにちは。今日のテーマは「塩素と希ガス」です。希ガスが発見されるプロセスというのは、化学の歴史の中でもっとも魅力あるエピソードということができます。先入主に囚われずに、正確な実験を積み重ねていくことの大切さを、きわめてはっきりと教えてくれるからなんです。今日はその話をいたしましょう。

話は、19世紀の末に遡ります。イギリスの物理学者レーリ卿[キョウ＝Lord]は、かねてからやりたいと思っていた仕事、それは、その世紀の始めにプラウトという人が唱えた仮説、つまり「全ての原子は水素原子からなっているから、したがって全ての原子の原子量は整数である。」水素の原子量は1ですから、当然ですね。そういう考え方を再検討しようと思っていたのです。といいますのも、だんだんと原子量が正確に求められるようになりますと、例えば、塩素の原子量は5.5である。というので、プラウトの仮説は、どうもただし正しくはなさそうだ、というふうに思われていたのです。

　しかし、レーリ卿は、プラウトの仮説の単純明快さが大変気に入って、これをもう一度チェックしたい、というわけで、いろいろな元素の原子量の再検討を始めたのです。もしかして、実験に誤りがなされていたのかもしれない、というわけですね。水素や酸素については問題ありませんでした。

　ところが、窒素についておかしなことが見出されました。空気から酸素とか二酸化炭素を取り除いて作った窒素、それを仮に「空気窒素」と呼びましょう。それと、いろいろな窒素を含む化合物を分解して作った窒素、それを「化学窒素」と呼ぶと、この二つの窒素の間に、密度が0.1%の差がある、そういうことが見つかったのです。皆さんは0.1%くらいだったら実験のエラーではないか、そう思うかもしれません。しかしレーリ卿はそうは思いませんでした。彼は自分の実験に絶対の自信を持っていました。0.1%もの誤差が出るはずはない。ですからこれは、どちらかに何かが含まれているに違いないと、こう推論したんです。

　しかし、彼は物理学者でしたから、やはり物質を扱う化学者の手助けが必要でした。ロンドン大学のラムゼーは、このレーリ卿の話を聞いて、ぜひ自分もこの計画に参加したいと思い、許しを得て共同研究を始めました。で、このラムゼーは、空気をマグネシウムと加熱して、マグネシウムと反応するものを除くという仕事を始めました。マグネシウムと酸素それに窒素も反応しますね。そうしますと、やはりマグネシウムとは反応しない何かが残るんです。その気体は、窒素の1.36倍の重さがありました。今まで知られているどのような気体とも性質が違うので、もしかしてこれは、新しい元素であるかもしれないという可能性が出てきたのです。どうしたらそれを証明することができるでしょうか。

　実は1860年以降、化学者はこの元素が新しい元素であるかどうか、ということを証明するいい方法を持っていました。それは、分光分析です。ブンゼンとキルヒホッフが開発したこの方法は、皆さんがよく知っている「炎色反応」を少し詳しくしたものです。で、いろいろな試料を炎に入れて、炎に色を付けて、その色の付いた炎をプリズムを使って成分の光に分ける、つまり分光してみますと、それは、含まれている元素に応じて、特定のパターンが出てまいります。つまり波長の異なる光が含まれているからですね。

　このようにして、このような方法で、ブンゼンとキルヒホッフは新しい元素をいくつも発見したのでした。レーリ卿とラムゼーは、この専門家であるクルックス卿、このケミストリーでも前に取り上げましたね、クルックス卿のところに仕事を持ち込みました。そしてクルックス卿は、直ちに気体が、新しい元素であることを突き止めたのです。

　マグネシウムとも反応しないこの反応性に乏しい気体は、ギリシャ語の「なまけもの」という言葉からとって「アルゴン」という名前が与えられました。アルゴンは、他の知られている気体とは全く異なる性質を示しますから、これは、新しい「族」を作るはずです。そして、その新しい族、つまり「希ガス」と呼ばれるようになった新しい族の位置は、非金属元素で反応性の強い「ハロゲン」と、金属元素で反応性の強い「アルカリ金属」との間に置かれることになったのは、周期表の所でお話いたしましたね。

　さて、ラムゼーは、その後弟子のトラヴァースと協力して、アルゴンの他にヘリウム、ネオン、クリプトンといった一群の希ガスを発見いたしました。そして、現在、この希ガスは、実用的にも非常に重要な役割を果たしていますね。気球や風船やきせん、気球や風船に入れられるヘリウム、ネオンランプのネオン、アルゴンランプのアルゴンといった例がすぐ思いつきます。このように、ラムゼー、レーリ卿の非常に緻密な基礎的な実験が、このように大きな成果を生み出したわけですね。

Chemical Story 15 Atomic Connections
Scientists

Göthe, Johann Wolfgang von 1749 - 1832. Considered to be Germany's greatest poet, Göthe studied chemistry with Döbereiner, who proposed the atomic triads. He was fascinated with the thesis of affinity and in 1809 published a romantic novel, a love story, Die Wahlverwandtschaften, Elective Affinities, in which he explored relationships--attractions and repulsions--between a husband and wife who were each in love with another person.

Volta, Alessandro 1745 - 1827. In 1799, after many years exploring the generation of electricity, he invented the battery, a pile of alternating silver and zinc discs, with absorbent materials soaked in water between each disc, which produced an electic current.

Berzelius, Jöns 1779-1848. Convinced that electricity was the signifcant force binding elements together he developed a dualistic theory of the nature of salts, namely, that salts were bound together by attraction between a positive and a negative element.

Bohr, Niels 1885-1962. Bohr developed a model of the atom in which electrons rotated in fixed orbits around the nucleus. He used both classical physics and quantum physics to model the behavior. His model explained both covalent bonds and ionic bonds and radiation spectra.

Fukui, Ken'ichi 1918 - 1992. Fukui received the Nobel Prize in Chemistry in 1982 by creating his pioneer electron theory to predict theoretically the course of chemical reactions.

Japanese and Corresponding English Technical Terms

結合[ケツゴウ] = bond; 反応[ハンノウ]論 = reaction theory; 親和[シンワ]力 = affinity; 福[フク]分解[ブンカイ] = double decomposition; 二元論[ニゲンロン] = dualism; 陽性[ヨウセイ]元素 = positive elements; 陰性[インセイ]元素 = negative elements; クーロン引力 = coulomb attraction; 有機[ユウキ]化合物 = organic compound; 原子核[カク] = atomic nucleus; 共有[キョウユウ]結合 = covalent bond; イオン結合 = ionic bond; 量子[リョウシ]力学 = quantum mechanics.

日本語の学術用語の定義

二元論 = ある対象の考察にあたって二つの根本原理をもって説明する考え方；陽性元素＝たやすく電子を失って陽イオンとなりやすい元素；引力＝空間的に相隔った物体が互いに引き合う力。ニュートンの万有引力はすべての物体間に存在し、また、電気的・磁気的引力は帯電体・磁極・電流の流れている物体などの間に現れ、さらに分子・原子・素粒子などの間には特殊な引力が働く；原子核＝ 原子の中核をなす粒子。原子に比べるとはるかに小さいが、原子の質量の大部分が集中しており、陽電気を帯びる。陽子と中性子より成り、陽子の数が原子番号、両者の総数が質量数に等しい；共有結合＝ 二つの原子が、二つの電子を1対として共有することによって生ずる化学結合。水素分子における水素原子の結合の類；イオン結合＝陽イオンと陰イオン（原子の間で電子の授受により生ずる）との間の静電引力に基づく化学結合。塩化ナトリウムなどにおける結合；量子力学＝分子・原子・原子核・素粒子などの微視的物理系を支配する物理法則を中心とした理論体系.

単語

展開[テンカイ]＝大きく広がること；骨[ほね]組[ぐ]み＝ 全体をささえる主要な組み立て；恋愛[レンアイ]＝ 男女が互いに相手をこいしたうこと；小説[ショウセツ]＝ 作者の想像力によって構想した文学の一形式；説得[セットク]力＝よく話して納得させる力；納得[ナットク]＝なるほどと認めること；成功[セイコウ]＝目的を達成すること；獲得[カクトク]＝ 得ること.

ケミストーリー１５ 「原子の結びつき」

　皆さんこんにちは。今日のテーマは「原子の結びつき」つまり化学結合ですね。なぜ化学結合が生じるのか、ということは、これは化学にとって昔から、いわば最大の問題でした。

　しかし、まだこの原子というものが認められていなかった昔には、結合という考え方は起こりません。その頃、この結合という考えの代わりに、なぜある物質とある物質とが反応するのか、という、そういうその反応論によって、結合の問題が議論されていた、と考えることができます。

　18世紀の人達は、そういった反応理論として親和力という説を複分解と呼ばれた反応で展開いたしました。複分解というのは、ＡＢとＣＤが反応して、ＡＤとＣＢができる、つまり組み合わせが変わる反応です。で、この時、Ｃは、Ｄに対する親和力よりも、Ｂに対する親和力が大きいからこのような反応が起きて、ＣＢが組み合わさるんだと、これが親和力の説の骨組みなんです。こうお話すると、なんだがわかったようなわからないような、たいした考えではないように、たぶん皆さんも思われるでしょう。しかし当時としては、初めて出てきた本格的な化学理論であって、化学者だけではなく、当時の知識人全体を大変に、このなんというのか印象深く与えた、**印象を与えた**んですね。

　その良い例がゲーテです。ゲーテは化学にも大変関心を持っていました。三つ組み元素のデベライナーに個人的に化学を勉強していたくらいなんです。で、彼は当時最新の親和力の説を隠れた主題にして、恋愛小説「親和力」というものを書いていますね。で、それにははっきりとは出ていませんけれども、二組の夫婦ないし恋人、その親和力、その間にあるその親和力に、若干の大小関係ができたために、この複分解のような組み合わせの変化が起こるようなそんなことがあるんだと、いったようなことを、どうも言いたいように私には思えます。

　ま、それはともかくとして、その後程なく、この親和力よりも、より説得力のある化学理論が登場いたしました。19世紀の始めにボルタが電池を発明して、それを使って多くの物質が電気分解されるようになりましたね。デービーがアルカリ金属などを取り出す話は、前回にいたしました。で、そのデービーとベルセリウスらは、「電気化学的二元論」という考え、**考え方**というのか理論を提案いたしました。

　それによりますと、その全ての元素は、プラスになりやすい陽性元素と、マイナスになりやすい陰性元素とからなっていて、そしてそのプラスとマイナスとの間に、「クーロン引力」電気的な力が働いて、$NaCl$という物質ができる。というこういうわけですね。この電気的な引き合いというのは非常に強いので、ただ加熱するだけでは$NaCl$をばらばらに、成分に分けることはできない、しかし、強力の、**強力な**電流を通ずれば、強い結合も切れてナトリウムと塩素に分かれると、このように提案したんですね。

　確かにこういったタイプの化合物については、この電気化学的二元論は大変に成功を収めて、化学者は初めて本格的な理論を持ったのでした。しかし実はこれは有機化合物のようなものを、の結合を説明するには、不十分だったわけですね。

　で、そういったものをあわせて説明できるような、つまり今日的な化学結合理論が登場するのは、20世紀になって原子の構造が明らかになってからです。1913年にボーアが原子というものは、プラスの電気を持った原子核と、その周りに一定の軌道を描いて回る電子というモデルを提案いたしました。そしてこのボーアモデルに基づいて、共有結合という考え方、これが
新たに提案され、そしてイオン結合もこのボーアのモデルに基づいて説明されるようになったのですね。

　そしてさらに1925年以降、つまり「量子力学」登場して以降、化学結合理論はいっそう深まりを見せるようになりました。1982年、日本で初めてノーベル化学賞を獲得した福井謙一先生の研究は、まさにこの「量子力学」によって化学結合そして化学反応を理解しよう、というお仕事だったんです。実は福井先生には、このケミストーリーに以前出演していただいたことがあります。その時福井先生は、「化学の世界にはわかったこともずいぶん多いけれども、まだまだ知るべきことがたくさんあるんだ。若い人達が、そのことに気づいていっそう化学に関心を持って欲しい」とそうおっしゃいました。私は今そのことを皆さんにお話して、ぜひ皆さんのなかから、化学にいっそうの関心を持つ人がたくさん出ることを希望します。

Chemical Story 16 Hydrogen and Oxygen
Scientists

Cavendish, Henry 1731 - 1810. In 1784 he published that the "inflammable air" (hydrogen) that he had discovered reacted with common air to form water, and he concluded that "inflammable air" (hydrogen) was phlogiston plus water.

Priestley, Joseph 1733 - 1804. In 1775 he published his discovery of "dephlogisticated air" (oxygen). He reasoned that since substances burned vigorously in this gas it must be devoid of phlogiston.

Lavoisier, Antoine-Laurent 1743-1794. Lavoisier inaugurated a chemical revolution by proposing that the gas which Priestley had discovered combined with the substances that burned within it, thus adding to their weight. He called the gas oxygen, the acid-forming element.

Davy, Humphry 1778-1829. Davy experimented with breathing nitrous oxide and discovered its anesthetic property, and thus it was named laughing gas. He enjoyed doling out doses among his coterie of poetic friends and the practice became a fad for a while.

Japanese and Corresponding English Technical Terms

水素 = hydrogen; 酸素 = oxygen; 二酸化炭素[タンソ] = carbon dioxide;

水上置換[チカン]法 = water displacement method (of collecting gases); フロギストン = phlogiston;

脱[ダツ]フロギストン空気 = dephlogisticated air; 化学革命[カクメイ] = chemical revolution;

燃焼[ネンショウ]理論 = combustion theory; 当量[トウリョウ] = equivalent;

一酸[イッサン]化窒素[チッソ] = nitrogen monoxide; 一酸化二窒素 = dinitrogen oxide;

一価[イッカ] = univalent, monovalent; 笑[ショウ]気笑う気体 = laughing gas;

麻酔[マスイ] = anesthesia; 酸化鉄 = iron oxides; 酸化クロム = chromium oxides.

日本語の学術用語の定義

フロギストン = 燃焼を説明するための仮想上の物質。燃焼とはこの物質が逃げ出す現象であるとしたが、ラヴォアジエによって否定された；燃焼 = 物質が熱と光を発して酸素と化合する現象；当量 = 主に化学当量のこと。また、電気化学当量、熱の仕事当量などの略；麻酔 = 薬物または寒冷刺激を作用させて、一時的に知覚を鈍麻・消失させること。外科的手術の際、または一般に痛みを除去するために、全身または局部に行う；鈍麻[ドンマ] = 感覚がにぶくなること；笑気[ショウキ] = 吸うと顔の筋肉が痙攣して笑うように見えるからいう。亜酸化窒素の異称；痙攣[ケイレン] = 筋肉が発作的に収縮を繰り返すこと。全身性のものと局所性のものとがある.

単語

前提[ゼンテイ] = ある物事をなす土台となる条件；考案[コウアン] = 考え出すこと；つじつま = あうべきところがあうはずの物事の道理；引きつる = 筋が発作[ホッサク]的に収縮[シュウシュク]して痛む；若干[ジャッカン] = それほど多くはない、いくらか；仲間[なかま] = いっしょに何かをする者同士[ドウシ]；物珍[ものめずら]しがりや = 目新しいことを見たりしたりすることが好きな人のこと；一服[イップク] = 薬の1回分.

ケミストリー１６ 「水素と酸素」

皆さんこんにちは。今日のテーマは「水素と酸素」です。水素、酸素、それに窒素は、私達がもう小学校の頃から親しんでいる気体です。それならば人間は、大昔からこういった気体を知っていたのかというと、実はそうではありません。これらが発見されたのは、せいぜい200年くらい前の話なんです。長い間人間は、空気以外に気体があるとは、思ってもみなかったんですね。

やっと17世紀になって二酸化炭素が発見されて、初めて空気以外にも気体があることがわかりまし

た。そして１８世紀になって、いろいろな気体が次々と発見され、「気体の世紀」と呼ばれるようになったわけです。こういった、この気体が次から次へと発見されるその前提として、やはり気体を扱う技術の進歩があります。18世紀の始めには、皆さんもよく知っている「水上置換法」という気体を集める方法が考案されました。今、見ていただいている絵がそれですね。

さて、化学者は、「物が燃えるのは、燃えやすい物の中にあるフロギストンというのが飛び出す過程である」というふうに考えていました。「フロギストン説」と呼ばれるものですね。で、18世紀の末に、イギリスの化学者のキャベンディッシュが水素を発見した時、彼は、これこそ人々が長い間求めていたフロギストンである、と考えました。水素と酸素は激しく化合するからですね。

ほどなく、やはり同じイギリスのプリーストリーが酸素を発見いたしましたが、彼もまた根っからのこのフロギストン論者でした。ですから、この自分が新しく発見した気体を、フロギストン説で説明しようとしました。物は、酸素の中では激しく燃えますね。そこでプリーストリーは、これは、この新しく自分が見つけた気体には、フロギストンが全く無いから、物がフロギストンをどんどん放出するんだと、そう考えたのです。で、彼はこの気体を「脱フロギストン空気」つまりフロギストンなしの空気と名前を付けたのです。

ところが、このフロギストン説にはいろいろ問題があります。例えば金属を空気中で激しく熱しますと燃えるようになって、あとに金属の灰が残ります。ところがこれは元の金属よりも目方が重いですから、そうしますと、フロギストンが出て行くという話とは、つじつまが合わない訳ですね。

ラヴォアジエは、このプリーストリーが見つけた気体を使うとうまく説明ができる、ということに気がつきました。すなわち物が燃えるということは、フロギストンが飛び出すことではなくて、プリーストリーが見つけた気体と燃えるものとが化合することである、と考えたのです。これは今までの考えとはまったく180度違った考え方、ということができますね。

で、ラヴォアジエはこのプリーストリーが見つけた気体に「酸素」という名前を与えたわけです。この酸素を中心とした燃焼理論は、化学を大変に変えました。そこで、このラヴォアジエの燃焼理論に基づく化学の変化を「化学革命」と今日、学者達は呼んでおります。

さて、以後化学は「酸素の時代」に入ったわけですが、その酸素はいろいろな物質と化合いたしますので、物質の量的な関係、つまり「当量」関係の基準として使われるようになってきました。

さて、いろいろな酸素の化合物のなかで、一つ面白い化合物のお話をいたしましょう。それは、酸素と窒素の化合物の一つの<u>一酸化窒素</u>、**一酸化二窒素**というのが正しいのですが、N_2Oですね。ここでは、窒素は一価の状態になっております。で、これはまた「笑気」笑う気体とも呼ばれますが、それはどうしてかというと、この気体を吸い込みますと、何か一種<u>麻酔のような</u>、**麻酔にかかったような**状態になり、顔が引きつったような、笑ったような顔になるからなんです。

さて、ナトリウムやカリウムを取り出した、ということで名高いディビーは、若い頃気体を研究しておりました。で、特に気体が人間にどういう働きを及ぼすかという研究をしている間に、この気体の特有の性質に気が付いたわけです。で、彼は、実は詩人としての才能も若干ありましたので、仲間に将来、<u>のちに</u>有名になった詩人達がたくさんいた、なんですけれども、どうやらそういった人達を含めた、<u>物珍しがりや達</u>の間には、この笑気を一服するというのが、ちょっとした流行になったようです。

さて、酸化物の話ですけれども、昔も今もその重要性は変わりありません。特に技術的な面でみますと、今日新しい働きを示す物質として重要視される物の中には、酸化物が非常に多い、というよりは、もうほとんど酸化物といってもいいかもしれません。例えば、この磁気テープに塗られている酸化鉄とか酸化クロム、こんな例は誰でも知っていますが、今ここでいくつかの新しい材料に使われている酸化物の例を示してみました。このように酸化物がいろいろなところに使われている、というのはなぜでしょうか。それは、酸素が非常にたくさんある物質であり、またほとんどの物質と反応して酸化物を作るからですね。しかも、量もたくさんあります。ですから大量に必要とされる材料の源として酸化物が探され、また酸化物がそのように使われるというのは、決して偶然ではありません。

３３

New Chemical Story 16 Hydrogen
Background

In 1992 Professor Takeuchi introduced a new story to replace his original story, which was a very engaging historical account of the discoveries and experiments with various fundamental gaseous elements and compounds, including metallic oxides. His new story focuses on hydrogen.

Initially he traces the historical importance of hydrogen as the lightest available gas and its use in balloon travel, ending in 1937 in New York with the tragic explosion and flaming demise of the German von Hindenberg zeppelin.

He then turns to a different characteristic of hydrogen, namely, the enormous evolution of heat energy when burned in oxygen, which leads to a discussion of recent efforts to develop technology that would enable employing hydrogen as a fuel for automobiles.

Scientists

Cavendish, Henry 1731 - 1810. He discovered hydrogen in 1766.
Montgolfier, The Montgolfier brothers lifted a balloon filled with hydrogen in 1783.

Japanese and Corresponding English Technical Terms

檜[ひのき] = a Japanese cypress；吸着[キュウチャク] = adsorption；貯蔵[チョゾウ] = storage；
吸蔵[キュウゾウ] = occlusion；マグネシウム = magnesium；スポンジ = sponge；
吸収[キュウシュウ] = absorption；ランタン = lanthanum；ニッケル = nickel.

日本語学術用語の定義

吸着 = 二つの相が接触しているとき、ある物質の濃度が相の界面と内部とで
異なっている現象；貯蔵 = たくわえておくこと；吸蔵 = 固体が気体を吸収して内部に
保有する現象；吸収 = 外部にあるものを内部に吸いとること.

単語

檜[ひのき]舞台[ぶたい] = ヒノキの板で張った、能楽・歌舞伎などの格の正しい舞台。
転じて、自分の腕前を表す晴れの場所；腕[うで]前[まえ] = 身につけた技術・能力；
格[カク] = 身分。位。等級；晴[は]れ = はれがましいこと；威力[イリョク] = 他を圧倒して
服従させる強い力；発揮[ハッキ] = 持っている実力や特性をあらわしだすこと；
膨大[ボウダイ] = ふくれて大きくなること；惨事[サンジ] = いたましい事件；
絶[た]つ = 続けていたものをやめる；泣[な]き所[どころ] = 弱点；
頑丈[ガンジョウ] = 堅固で丈夫なこと；堅固[ケンゴ] = 物のかたくしっかりしていること；
塊[かたまり] = かたまったもの；台[ダイ]無[な]し = めちゃくちゃになること；
ですら = でさえ；解消[カイショウ] = 従来あった関係を消滅させること；
消滅[ショウメツ] = 消してなくすこと；ぎゅっと搾[しぼ]る = 力をこめて、しめつけたり、
押しつけたりして中の水分を出す；揺[ゆ]らす = ゆり動かす；物を言う = 役に立つ.

新しいケミストーリー１６「水素」

皆さん、こんにちは。今日のテーマは「水素と酸素」です。私は、今日は水素のお話しをしたいと思います。

ケミストーリーでも何回もとり上げました、水素は、1766年にイギリスの化学者キャベンディッシュによって、発見されました。で、水素の最大のセールスポイントは、それまでに知られていたどんな気体よりも軽いということですね。例えば窒素の14分の1の軽さです。このセールスポイントを生かして、水素は、直ちに桧舞台に登場いたしました。気球の詰め物とし

てですね。有名なモンゴルフィエ兄弟の気球が、空高く舞い上がってパリっ子を驚かせたのは1783年のことです。

　で、この軽いというセールスポイント、これは20世紀になっても大いに威力を発揮いたしました。有名なツェッペリン飛行船は、水素を詰めた大気球で、飛行機がまだ実用化されていなかった当時、最も快適で早い乗り物になると、期待されていたんでしたね。しかし、水素は確かに軽いんですけども、酸素と容易に、時には爆発的に化合してしまいます。その時膨大な熱も生じます。1937年に起こった大惨事は、交通機関としての飛行船の生命を絶ったと、言ってもよいでしょう。

　水素は酸素と化合すると、膨大な熱を発生すると申し上げましたが、このパターンを見て下さい。これは、水素の燃料としての可能性を示していますね。水素と酸素から、水あるいは水蒸気が反応する、**生ずる反応と**、炭素と酸素から酸化炭素が出る反応を、１モルの酸素という、酸、**使う酸素**で比較してみますと、明らかに水素の方が多くの熱を出しているわけですね。また重さで比較しても、炭素の場合の3分の1になっていることがわかります。ですから、もし車が燃料を積んで走るんだという考え方で計算いたしますと、確かに水素は重さで言えば、炭素よりも特だと、いうことが言えます。しかし、水素の泣き所は体積ですね。気体である水素は、炭素に比べれば比較にならないくらい大量の、大きな体積をしめてしまうわけですね。

　それじゃ、圧力をかけたらどうなるか。確かに気体は体積が小さくなります。しかし、そのためには頑丈なボンベで入れてやらなければなりませんね。しかし、ボンベは鉄の塊で、せっかくの軽さというのが台無しになってしまいます。

　水素を液体にすれば、体積の問題は解消いたします。この筋にそった試みもなされています。武蔵[むさし]工業大学の古浜[ふるはま]教授の研究室は、液体水素の実用化を目指してがんばっておられます。しかし、水素の沸点は、マイナス253℃なんですね。技術的に見ると、液体水素を扱うのは容易ではありません。設備が整った実験室ですら、けっこう大変なんですから、やはり自動車の燃料として使うにはいろいろな工夫が必要ではないかと考えられます。

　一方、ある種の金属あるいはその合金は、大量の水素を吸着して貯蔵する、吸蔵する性質があります。マグネシウムやその合金なんかがいい例ですね。で、合金が水素を吸蔵するというのは、ちょうどこれは、スポンジが水を吸収するようなものですね。スポンジの体積は変わりません。しかし、スポンジをぎゅっと絞りますと、しみこんでいた水が出てまいります。それと同じように、水素吸蔵合金に蓄えられた水素を、適当な条件にしてやりますと、その水素が放出される、それを利用する、ということができるわけです。

　鹿児島[かごしま]大学の大角[おおすみ]教授が研究しておられるランタンという金属と、それからニッケルの合金は、比重が8というかなり重い金属ですが、こう揺らしても動きませんね。大量の水素を吸蔵することができます。この体積で比較しますと、同じ体積の水素、液体水素ですよ。よりも1.5倍も水素を多く吸蔵できるというんですね。つまり液体水素よりも、1.5倍緻密に水素が詰まるそういう合金なんです。で、こういう水素吸蔵合金を、その燃料源として使う自動車の実用化の試みもやはり一生懸命なされているというふうに、聞いております。しかし、この水素を燃料とする自動車が、街の中を走るまでには、若干の時間がかかるだろうと、技術的な面から言わざるを得ないと思います。しかし、どちらにしても、この水素が一番軽い気体であるという、昔ながらのセールスポイント、これがここでも物を言うようです。

Chemical Story 17 Sulfur and Sulfuric Acid and Acid Rain
Japanese and Corresponding English Technical Terms

硫黄[イオウ] = sulfur; 硫酸[リュウサン] = sulfuric acid; 酸性[サンセイ]雨[ウ] = acid rain;
硝酸[ショウサン] = nitric acid; 二酸化硫黄 = sulfur dioxide; 三酸化硫黄 = sulfur trioxide;
触媒[ショクバイ] = catalyst; 接触[セッショク]法 = contact process; ラジカル反応 =
radical reaction; オゾン = ozone; ヒドロキシルラジカル = hydroxyl radical;
反応[ハンノウ]性 = reactivity; 石油[セキユ]精製[セイセイ]工場[コウジョ] = oil refinery;
空中窒素の固定 = atmospheric nitrogen fixation; 爆発[バクハツ] = explosion;
気化する = to gasify; 一酸化窒素 = nitrogen monoxide; 二酸化窒素 = nitrogen dioxide;
生成[セイセイ] = formation; 排気[ハイキ]ガス = exhaust gases.

日本語の学術用語の定義

酸性雨 = 大気汚染物質の窒素酸化物や硫黄酸化物が溶け込んで降る酸性の雨；触媒 =
化学反応に際し、反応物質以外のもので、それ自身は化学変化をうけず、しかも反応速度を
変化させる物質；接触法 = 固体触媒を用いる合成法。特に五酸化バナジウムなどを触媒
とする硫酸の製造法；ラジカル反応 = 遊離基が関与する化学反応。気相での光化学反応、
熱化学反応などに多く見られる。有機化学反応はラジカル反応とイオン反応とに大別される；
遊離基 [ユウリキ] = 離して存在する基。不対電子を持ち、不安定で反応性に富み、寿命の
短いものが多い；オゾン = 酸素の同素体。特有な臭いのある微青色の気体。乾いた酸素ガス中
で無声放電を行わせると生ずる。酸化力強く、目や呼吸器を冒し有害。殺菌・消毒・漂白など
に使用；無声[ムセイ]放電[ホウデン] = 酸素中で放電して酸素をオゾン化させる場合のように、
音の発生を伴わない放電；空中窒素の固定 = 空気中の窒素を原料として窒素化合物を作ること；
排気ガス = 熱機関で、仕事をなし終えた不用の蒸気または燃焼ガス；蒸気 = 水蒸気の略.

単語

はげ山 = 木や草のはえていない山；開発[カイハツ] = 実用化すること；泣き所 = 弱点；
すんなり = 抵抗なく順調に物事が進行するさま；引き金[がね] = 比喩的に、物事が
引き起されるきっかけ；取材[シュザイ] = ある物事から作品の材料を取ること；
帰化さした = 帰化させた.

ケミストリー１７ 「硫黄と硫酸と酸性雨」

　皆さんこんにちは。今日のテーマは、「硫黄とその化合物」です。硫黄の化合物の中で、
なんといっても一番人間にとって重要なのは硫酸です。しかしその硫酸が、人間にとって都合
の悪い話になるということが最近起こっています。
　それは、いわゆる「酸性雨」ですね。硫酸、あるいは硝酸ができてしまい、それが町にあ
るいは森に降りそそぐ、というようなことなんです。で、酸性雨のなかでのその原因のこの硫
黄、それはどこからきたのかというと、それは石油のなかに含まれている硫黄が主なんですが、
これが、石油が燃えますと、その中に含まれている硫黄が酸素と化合して二酸化硫黄になる、
その二酸化硫黄は、さらに酸素と反応して三酸化硫黄になり、その三酸化硫黄が水に溶けて硫
酸となり、さきほど見たように町や森に降りそそぐというわけです。これは、もちろん大変迷
惑な話であり、例えばアテネのアクロポリス(Athens Acropolis)などがかなりの被害を受けてい
るといいます。

これは、ヨーロッパ、ドイツのシュバルツバルド(Schwarzwald)という有名な森ですが、降りそそぐ酸性雨のために葉っぱがだんだん枯れてくる、そして、ついには木がすっかり枯れてしまうというような状況が、すでに現実に起こっています。もうすっかりはげ山になってしまうわけですね。

　しかし、これは非常に皮肉な話なんです。といいますのは、この硫酸を作る過程で、二酸化硫黄から三酸化硫黄にするというところ、これは実は非常に難しいところであって、実際、触媒が発見され、いわゆる接触法というので、この二酸化硫黄が三酸化硫黄に変換される技術が開発されるまでは、ここが一番の泣き所だったわけですね。それが自然界ではすんなり起こってしまう、というのはどういう訳なんでしょうか。

　で、これは実は特殊な反応が起こっています。ラジカル反応という反応が起こっていますね。で、空の高いところにはオゾンがありますが、それが分解いたしますと、原子状の酸素ができます。この原子状の酸素は、ラジカルと呼ばれる極めて反応性が高い物質の一つとみなされますが、これが水と容易に反応してヒドロキシルラジカルというものになってしまいますが、これもまた非常に反応性が強いものなんです。で、これが引き金となって、二酸化硫黄が三酸化硫黄に変えられてしまうわけなんです。

　しかしこの酸性雨の中での硫酸は、ある程度解決がつきそうです。といいますのは、この石油の中に含まれている硫黄を除いてやればいいんです。今見ていただいているVTRは、石油精製工場で取材してきたもので、石油がこんなにまあ、この石油から硫黄が取り出されている様子がわかりますね。

　ところが、もう一つ厄介な酸性雨の原因があります。それは、硝酸です。この硝酸の中の窒素はいったいどこから来るのでしょうか。一部は燃料ですが、大部分は空気の中の窒素です。これはまあ、非常に厄介ですね。空気の窒素を除くということは到底不可能です。で、これもまた非常に皮肉な話なんです。これはまたいずれケミストーリーでもお話しますけれども、空気中の窒素を硝酸のように人間が利用できる形にするということ、これは「空中窒素の固定」という言葉で表されますが、これは19世紀から20世紀の始めにかけての技術上の最大の課題だったのですね。で、化学者達が大いに努力をした、それが、自然界では自然に起こってしまうというわけです。それはまたどういうことなのかといいますと、自動車のエンジンの中で、気化したガソリンが爆発する、その非常に激しい反応条件のもとで、酸素と窒素とが化合してこの一酸化窒素(NO)ができてしまいます。で、これができますと、これは容易に酸素と化合して二酸化窒素(NO_2)になり、二酸化窒素はまた水と反応して、硝酸と一酸化窒素に戻るというわけです。で、これもまた一種の空中窒素の固定というわけなんですね。で、この一酸化窒素や二酸化窒素を合わせてN-O-Xノックス(NO_X)と呼ばれることは皆さんもご承知のとおりです。

　さて、自動車の数が増えますと、生産されるノックスも増え、したがって酸性雨の問題がますます大変になってまいります。しかし、このノックスの生成が空気中の窒素が原因であるとすると、なかなか防ぐことができないとすれば、なんとかそのノックスの生成を抑える工夫、あるいは、できてしまったノックスが、排気ガスとして撒き散らされないような工夫が必要です。実際、こういった方面への技術的な努力は世界的規模で一生懸命なされています。しかし、まだ完全とはいえません。地球を守るためにも、化学者、技術者は力を合わせて、この問題にいっそう熱心に取り組まなければならないと思います。

Background

In 1992 Professor Takeuchi revised his story about sulfur and sulfuric acid and acid rain. The content remains essentially the same, but the graphics differ. Moreover, instead of examples from abroad, such as Schwarzwald, he presents visual evidence of damage to stone and bronze statues in Japan. Another major difference is that in the first story he discussed the contact process in relation to his comment that in order to convert sulfur dioxide to sulfur trioxide industrially a catalyst is necessary. In this story he mentions the need for a catalyst but gives no such details. So both stories have unique features. The notes here will only provide vocabulary and concepts newly appearing in this revised story.

Japanese and Corresponding English Technical Terms

製造[セイゾウ] = manufacture; 青銅[セイドウ] = bronze; オゾン層[ソウ] = ozonosphere; 拡散 = diffusion.

日本語の学術用語の定義

製造 = 原料を加工して製品とすること；青銅 = 銅と錫[すず]との合金；オゾン層 = 大気中でオゾンを比較的多く含む層；拡散 = 物質の濃度が場所によって異なるとき、時間と共に濃度が一様になる現象.

単語

歓迎[カンゲイ] = よろこび迎えること。好意をもって迎えること；森[もり] = 樹木の多いさま；林[はやし] = 樹木の群がり生えた所；枯[か]らす = 枯れるようにする；舞[ま]い上がる = ひるがえりながら上がる；構図[コウズ] = 絵画などで芸術表現の要素をいろいろに組み合せて、作品の美的効果を出す手段。比喩的に、物事全体の姿・形；うまい話 = 具合のよい話；森林[シンリン] = 樹木の密生している所；石像[セキゾウ] = 石材を刻んで造った像；銅像[ドウゾウ] = 青銅で鋳造した像。特に、記念的な像をいうことが多い；鋳造[チュウゾウ] = 金属を溶かし、鋳型に流しこんで、所要の形に造ること；破壊[ハカイ] = うちこわされること；西郷[サイゴウ]たかもり = 幕末・維新期の政治家；侵[おか]す = 風雨、寒気などが物事を損ずる；仕[シ]組[く]み = ものごとのくみたてられ方.

新しいケミストーリー１７ 「硫黄と硫酸と酸性雨」

　皆さん、こんにちは。今日のテーマは、「硫黄とその化合物」です。硫黄の化合物と言えば、何といっても硫酸ですね。で、硫酸の製造量は、その国の化学工業のバロメーターであると、いうふうに言われるほど大切な物質なんですけれども、その硫酸も時々歓迎されない場面が、最近は出てまいりました。いわゆる酸性雨ですね。このように、森や林を枯らしてしまう酸性雨、それは硫黄が、自然界にいろいろな形で存在していると、いうことから起こります。そして、特にこの石油の中にも含まれているんですね。で、石油が燃えれば、硫黄も燃えます。そして、気体の二酸化硫黄となって、空高く舞い上がります。それがさらに酸素と反応して、三酸化硫黄になりますが、これは非常に水に溶けやすい物質なので、硫酸になってしまう。これが、雨と一緒に落ちてくる、という構図になっているわけです。

　これは、もちろん酸が空から降ってくるというので、うまい話があるわけもありません。いろいろな不都合を引き起こしますね。この森林に対する破壊行為、そして、いろいろな石像や銅像に対する破壊、上野の西郷[サイゴウ]さんの銅像も、酸性雨その他の原因で、かなり傷んでいると報告されています。あの筋になった部分が、侵された部分ですね。

ところで、先の話でちょっと気になるところがあります。それは、二酸化硫黄が三酸化硫黄になるところなんですね。この部分です。で、硫酸を工業的に作る段階では、この過程は非常に進み難いので、いろいろな触媒を必要とする、そういう過程だったんです。ところが、自然界ではそれが何ということもなく起こってしまう、というのですね。それはどうしてなんでしょうか。それは、自然界ではやや異なる仕組みが、別に働いているからなんです。で、このオゾン層という言葉でも知られているように、空の上にはオゾンがあります。で、このオゾンは分解して原子の状態の酸素になりますが、これが非常に反応性に富んでおりまして、水と反応してヒドロキシルラジカルという舌を噛みそうな名前のものになります。で、このヒドロキシルラジカルもまた、極めて反応性に富んでいて、これが言わば触媒のよう働きをして、SO_2をSO_3にする働きをしているわけですね。こういうふうにこの自然における反応というのは、実験室での反応とは違った仕組みで進むことがある、これが環境問題を非常に難しくしているわけです。

　え、と　しかし硫酸のもとが硫黄であるというからには、石油の中から硫黄を取ってやれば、問題は解決するはずですね。今、見ましたのは、石油精製工場で取り出された硫黄、非常に大量の硫黄が取り出されていたことがわかります。

　ところが、この酸性雨の原因になっているのは、この硫酸だけではありません。もう一つやっかいな、酸の仲間が加わっているんです。それは、硝酸ですね。で、硫酸が硫黄からできるように、硝酸は窒素からできます。窒素は石油の中にも化合物として含まれていますけれども、むしろ問題は空気中の窒素なんですね。で、石油が自動車のエンジンの中で爆発いたします。その非常に激しい条件では、窒素は酸素と反応してNOというものになります。このNOはさらに酸素と反応してNO_2になり、そのNO_2は水と反応して硝酸とNOになる。こういった一種のサイクルが繰り返されるわけですが、こういった硝酸とその仲間は、いずれもNO_Xという形を持っていますので、NO_X（ノックス）と呼ばれているんですけれども、これが自動車の排気ガスの中に含まれていて、酸性雨の原因になっているわけです。もちろん、これを除くための努力というのは、いろいろとなされなければなりません。しかし自動車の数が増えれば、NO_Xの数も増えるわけですね。空気中の窒素、これを空気の中から窒素を取り除くというのは、これは不可能です。ですからNO_Xがなるべくできないようなエンジンを開発するとか、あるいはできてしまったNO_Xを、これが拡散する前に取り除いてしまう、そういった技術的な工夫が必要になります。環境を守るためには、このようにいろいろな角度から研究を続けなければならないことになります。

N35

Chemical Story 18 Nitrogen and its Compounds
Scientists

Lavoisier, Antoine Laurent 1743-1794 . In 1775 for a while he served as director in charge of managing saltpeter production. It is said that his improvements of saltpeter production allowed France to survive the bitter wars it fought with the Great Powers that surrounded it.

Liebig, Justus von 1803-1873. Beginning in 1840, he turned his attention to agricultural chemistry, laid its foundations, annd demonstrated the importance of nitrogen fertilizers.

Crookes, William 1832-1919. He issued a call for the industrial production of nitrogen fertilizers in order to have agricultural production to cope with the increasing population.

Cavendish, 1731-1810. In his experients with air, he had found that electric sparks caused nitrogen and oxygen to combine. The technique was tried in the 19th century to produce nitrogen compounds industrially by some countries in northern Europe where electrical power was less expensive; it was soon abandoned because it required too much energy.

Japanese and Corresponding English Technical Terms

火薬[カヤク] = explosives; 肥料[ヒリョウ] = fertilizers; 硝石[ショウセキ] = saltpeter; 硝酸[ショウサン]カリウム = potassium nitrate; 木炭[モクタンン] = charcoal; 鉱山[コウザン] = a mine:チリ硝石 = Chile saltpeter; 硝酸ナトリウム = sodium nitrate; 効率[コウリツ] = efficiency; リービッヒコンデンサー = the Liebig Condenser; 農芸[ノウゲイ]化学 = agricultural chemistry; 石灰[セッカイ]窒素 = lime nitrogen; カーバイド = carbides; アンモニア = ammonia; 化学式 = chemical equation; 窒素固定[コテイ] = nitrogen fixation.

日本語の学術用語の定義

火薬 = 衝撃・摩擦・熱などによって急激な化学変化を起し、多量の気体と熱とを発生することにより、推進・破壊などの作用を行う化合物、または混合物；推進 = 前へおし進めること；肥料 = 土地の生産力を維持増進し作物の生長を促進させるため、耕土[コウド]に施す物質；硝石 = 硝酸カリウムの通称；窒素固定 = 空気中の窒素を原料として窒素化合物を作ること.

単語

坑道[コウドウ] = 鉱山で鉱石採掘用に地下につくった道路；堅固[ケンコ] = がっちりして丈夫なようす；大砲[タイホウ] = 大きな弾丸[ダンガン]を発射する兵器；記述[キジュツ] = 文章にかきしるすこと；不可欠[フカケツ] = 欠くことのできないこと；乾燥[カンソウ] = 湿気や水分がなくなること；鉱床[コウショウ] = 岩石中に形成された有用鉱物の集合体；機 = 機会 = 何かをするのに好都合な時機；熟[ジュク]する = なれて巧みにできるようになる.

ケミストーリー１８ 「窒素とその化合物」

　皆さん、こんにちは。今日のテーマは「窒素とその化合物」です。数ある窒素化合物の中で、二つの物質が非常に重要な役割を果たしてきました。火薬と窒素肥料です。これらを大量に作り出すということが、それぞれの時代の重要な目標になりました。

　さて、火薬は古代中国の発明と言われますが、それはともかくとして、中世にはヨーロッパでも硝石、つまり硝酸カリウムと硫黄、木炭を混ぜることによって作られました。初めは鉱山の坑道を掘るのに使われていたんですが、やがて戦争に用いられるようになりました。そして、堅固に守られた敵の城を、火薬を詰めた大砲で攻めるという戦術が、起こりました。これは、この戦術の大改革は、歴史的にも非常に大きな影響をあたえたわけですね。

さて、この火薬に必要な硝石は、硝酸カリウムですね。硝酸カリウムの鉱物ですけれども、これは、チリとかスペイン、エジプトといった非常に乾燥した暑い所の土地に鉱床があります。で、それを掘り出す、良質の硝酸カリウムを取り出すということは、一国の経済そして軍事力を支配する重要な鉱業だったわけですね。例えばラボアジエのような大学者も、フランス革命直前には、当時でいえば火薬庁とでも言うんでしょうか、その長官に任ぜられて、この硝石製造の責任をとっています。当時の工場の様子です。で、革命後フランスはヨーロッパ列強[レツキョウ = The Great Powers]に取り囲まれて、大変な苦戦をしたわけですが、ともかくも切り抜けることができたのは、ラボアジエが火薬製造に大きな改良を施したからだ、とも言われています。

　ところが19世紀になりますと、今度は窒素化合物、もう一つの窒素肥料に対する需要というのが非常に大きな問題となってまいりました。化学者のリービッヒ、これはリービッヒコンデンサーで名高いあのリービッヒですが、今日の言葉で言えば、農芸化学の基礎を固めました。そして、農業においてリン肥料あるいは窒素肥料の重要性を初めて証明したわけですね。窒素肥料に対する需要が当然のことながら大きくなってまいりました。

　19世紀の末に、ケミストーリーでおなじみのクルックスは、こんな予言をしています。「食料の増産と生産性を高めることを早くしないと、19世紀末のこの人口の急増に対応できないだろう。それには、硝石に頼らない、窒素肥料の工業的な製造を工夫しないとだめなんだ」こんなに言っているわけなんですね。

　それじゃどうすれば硝石に頼らずに窒素肥料を作ることができるのか、と言いますと、実は古くキャベンディッシュが一つの回答を出していました。それは、空気の中で電気火花を飛ばしますと、ちょうど前回お話しした自動車のエンジンの中の反応と同じように、空気中の、空気の酸素と窒素とが反応して、<u>酸化物</u>が、**窒素の酸化物**ができるという反応です。しかし、これは大量の電力を必要といたしますから、わずかに電力が比較的安価に得られた北欧[ホクオウ = Northern Europe]などの国で、一時工業化されただけで、実際にはほとんど使われませんでした。

　もう一つの方法は石灰窒素の利用です。石灰窒素はカーバイドと窒素から作られる物質ですが、これはそれ自身で窒素肥料としても使えますし、また高温で水蒸気と反応させるとアンモニアを生じます。しかしこのカーバイドを作るのに大量の電力を必要といたしますから、結局問題の解決にはなりませんね。

　窒素固定の最良の方法は明らかに空気中の窒素と、それから気体の水素とを電力を使わない方法で反応させることです。これは化学式で書くと簡単なんですけれども、これを効率よく実現するというのは、実は大変な難題でした。19世紀の末には、水素が水の電気分解で比較的安く作られるようになりましたから、まさに機は熟したわけですけれも、実際にそれが工業的に使われるようになるためには、まだ長い努力が必要だったわけです。この件については、またケミストーリーでお話したいと思います。

New Chemical Story 18 Nitrogen and its Compounds
Background

In 1993 Professor Takeuchi introduced a very different approach to the theme of nitrogen and its compounds. In his first story he took a strictly historical approach, beginning with the importance of potassium nitrate in the production of gunpowder and then on to the need for nitrogenous fertilizers in the 19th century and the failure to find an efficient industrial process for nitrogen fixation.

In his new story he does return to the subject of nitrogen fixation but only after an interesting diversion. He narrates the story from the heart of Osaka where the school founded by Ogata Kooan is commemorated. Ogata originally founded the school in order to train doctors in the practice of Dutch medicine. However, it turned out that few schools still taught the Dutch language. So it became a school to teach young men the new Western knowledge then coming to Japan.

One of those students was Fukuzawa Yukichi, the founder of Keio University. Professor Takeuchi now introduces the theme of nitrogen compounds by presenting the description that Fukuzawa gave in his autobiography of an experiment that he and other students conducted to make ammonia! He emphasizes that Fukuzawa, well known for his literary talents, was also imbued with the scientific spirit.

He then discusses plants in the bean family whose nodules contain bacteria that foster production of nitrogen compounds and concludes the story with a brief description of the Haber-Bosch process for synthesizing ammonia from nitrogen, the first successful industrial method for nitrogen fixation.

NB The English words inserted after some of the Japanese words in the quotation account for changes in Japanese. They derive from the 1960 English translation of the autobiography edited by Eiichi Kiyooka.

Scientists

Haber, Fritz 1868-1934. His outstanding chemical achievement was the combination of nitrogen and hydrogen to form ammonia, for which he received the Nobel Prize in chemistry in 1919.

Bosch, Carl 1874-1940. He transformed Fritz Haber's laboratory experiments on the synthesis of ammonia into large scale industrial production. He shared the Nobel Prize in chemistry with another German in 1931 for discovery and development of chemical high-pressure methods.

Japanese and Corresponding English Technical Terms

馬[うま]の爪[つめ] = horse hooves; 素[ス]焼[や]きの = unglazed; 瀬戸物[せともの] = chinaware; 馬の蹄[ひずめ] = horse hooves; 鹿[しか]の角[つの] = deer antlers; 肥料[ヒリョウ] = fertilizer; 豆[まめ]科[カ] = bean family; 根粒[コンリュウ] = root tubercles.

単語

適塾[テキジュク] ＝緒方[おがた]塾の別称；養成[ヨウセイ] ＝養育して成長させること；貢献[コウケン] ＝ある物事や社会のために、力を尽くして役に立つこと；級長[キュウチョウ] ＝学級の長；福翁[フクオウ]自伝 ＝福沢諭吉の自伝；実地を試みたい ＝実際に試みたい；似[に]寄[よ]りのもの ＝そのもの；削[けずり]屑[くず] ＝木などを削ってできるくず；どっさり ＝たくさん；徳理[トクリ] ＝細く高く、口のすぼんだ器；瓶[かめ] ＝液体を入れる底の深い陶器；趣向[シュコウ] ＝おもむきを出すための工夫；おもむき ＝事柄の大事な内容；実証[ジッショウ] ＝事実によって証明すること；無尽蔵[ムジンゾウ] ＝いくら取ってもなくならないこと.

新しいケミストーリー１８ 「窒素とその化合物」

皆さん、こんにちは。今日のテーマは「窒素とその化合物」です。しかし私は、今日のテーマにどんな関係があるのか、というな場所にやってまいりました。大阪は北浜[きたはま]の近く、オフィスビルが建ち並ぶ中に、江戸時代の雰囲気をそのままに留めた適塾です。適塾は、幕末の医師緒方[おがた]洪庵[コウアン]が、設立した一種の私立学校です。ま、もともとの目的

は、オランダ医学を解する医師の養成にあったわけですが、当時はオランダ語を学ぶ場所というのは、ほとんどありませんでしたので、医師になるならないに関係なく、新しい学問を志す若者が、全国から集まってきたんですね。慶応大学を開き、「学問のすすめ」などの本を書いて、日本の近代化に大いに貢献した、あの福沢諭吉も、ここに在学して学んだんです。彼は、級長のような役割までしているんですね。その上彼は、ここで化学を大変熱心に勉強し、また実験なんかしたんです。まさか福沢諭吉が、と皆さんも思うかもしれません。しかし、ちゃんとした証拠があります。「福翁自伝」これは、彼自身が書いた伝記ですけれども、そこにちゃんとそのことを書き残しているんです。では、その一節を聞いてみましょう。

　「それからまた一方では、今日のようにすべて工芸技術の種子[examples]というものがなかった。けれどもそういう中に居ながら、器械のことにせよ化学のことにせよ大体の道理は知っているから、どうかして実地を試みたいものだというので、原書を見てその図を写して似寄りの物をこしらえるということについては、なかなか骨を折りました。まず第一の必要は塩酸アンモニアであるが、馬の爪の削屑をどっさり貰って来て徳利に入れて、徳利の外に土を塗り、また素焼きの大きな瓶を買って七輪[しちりん＝a charcoal stove]にしてたくさん火を起し、その瓶の中に三本も四本も徳利を入れて、徳利の口には瀬戸物の管をつけて瓶の外に出すなどいろいろ趣向して、ドシドシ火を扇ぎ立てると管の先からタラタラ液が出て来る。即ちこれがアンモニアでる。」

　今日では、もうアンモニアはごくありふれた物質ですけれども、当時は結構つくるのが大変だったようですね。馬の蹄とか、鹿の角、そんなところにアンモニウム塩として含まれているのを加熱分解して、アンモニアとして取り出していた、というわけです。しかし、福沢諭吉は本当に偉いですね。彼は、アンモニアが大変な臭いを持っているということを、本に書いてあるのを見るだけでは満足できなかったんです。まさに化学的精神です。「天は人の上に人を造らず、人の下に人を造らずといえり」この福沢諭吉の思想の底には、化学的な実証主義があったのですね。

　ところで、この福沢諭吉の時代になると、世界的にみて窒素化合物についての需要が、大変に大きくなってまいりました。特に肥料として窒素化合物が重要になったのですね。しかし、アンモニアを馬の蹄や鹿の角から取り出すというのでは、これは話になりません。皮肉なことに原料となる窒素は、空気中にほとんど無尽蔵にあります。しかし、これを直接利用することは、普通の生物はできませんね。ある、**ある種の植物**、豆科の植物に限ってそういうことができるわけで、これは根粒に空中窒素を固定できるバクテリアを持っているからなんです。しかし、これに頼るというわけにはいきません。

　で、窒素を固定する一番いい方法は、空気中の窒素とそれから水素を直接化合させる、ということなんです。しかしこれは実は、容易な反応ではありません。で、ようやくこの反応が可能になったのは、化学熱力学という学問が19世紀の末から20世紀の始めにかけて、進歩したからなんです。ドイツの化学者ハーバーと技術者ボッシュは、この化学熱力学の進歩と触媒に基づいて、アンモニアを工業的に作り出すのに成功したんですね。その時の条件は、200気圧、550℃というかなり激しいものでした。ハーバーとボッシュは、この業績によってノーベル化学賞を獲得いたしました。アンモニアが工業的にどんどん作り出されるのを、もし福沢諭吉が見たとしたら、彼はどんなにまあびっくりすることでしょうね

Chemical Story 19 Chemical Reactions and Heat
Scientists

Lavoisier, Antoine Laurent 1743-1794. At the very most top of his table of elements, he listed heat and light, showing he believed in the corpuscular theory of energy.

Count Rumsford, Thompson, Benjamin 1743-18714. The founder of the Royal Institution, a politician and a military engineer, he questioned the theory that heat was a conserved substance as he observed the unlimited amounts of heat generated when reaming the cores of cannons.

Joule, James 1818-1889. He established the equivalence value between heat and work by measuring the heat generated in water that was stirred by paddles on a rotating water wheel.

Laplace, Pierre-Simon 1749-1827. Later acclaimed as a great mathematician, he worked early in his career with Lavoisier to measure heats of reaction with a thrice compartmented apparatus.

Hess, Germain 1802-1850. His most notable achievement was his thermochemical measurement of heats of reaction, for example, between sulfuriic acid and anmonia.

Japanese and Corresponding English Technical Terms
熱の仕事当量[トウリョウ] = work equivalent of heat.

日本語の学術用語の定義
熱の仕事当量 = 1カロリ-の熱量に相当する仕事量。4.1855ジュール毎カロリーです.

単語
一等[イットウ] = 一番；氷[こおり]水[みず] = 氷を細かくけずった物；くり抜く = 刃物をさして回して穴をあける；取っ手[とって] = 手に持つためにとりつけた、器物の突き出た部分；ぐるっと = 大きく回ったり、巻いたりするさまを表わす語.

ケミストリー１９ 「化学反応と熱」

　皆さん、こんにちは。今日のテーマは「化学反応と熱」です。化学反応に伴って熱が出入りする、ということは、昔から気付かれていたに違いありません。しかし、それがどういうことなのか、ということが解決するためには、そもそも熱とは何か、という問題が前提になります。

　で、「原子論」の場合もそうでしたけれども、こういう大きな問題に対しては、いつでも二つの対立する意見が出てまいります。熱は「粒子」である、という考えと、水や空気のような「流体」である、という二つの説です。例えば、ラボアジェの「元素の表」を見てみましょう。ここには一等最初に「光」と「熱」が元素としてとり上げられています。この赤く塗った部分が[に]、熱に対する名前があげられていますね。ですから、これはラボアジェが熱を一種の粒子と捕らえていたことを意味いたします。

　熱が、実は仕事の一形態であるという事を最初に示したのは、ランフォードという人です。彼は、王立研究所を設立した人として歴史に名を残していますが、政治家でもあり、また軍事エンジニアでした。彼は、大砲の砲芯をくり抜くときに、いくらでも大量の熱がでます。もし熱が原子のような物質であるならば、いくらでもくり抜くことができ、いくらでも熱が出るというのは、これはいかにもおかしいと考えて、熱は仕事の一形態ではないかと考えたんですね。

　で、この関係を定量的にはっきり示したのが、イギリスの物理学者ジュールです。彼は、水の中に入れた水車を回して、水の温度の上昇を計りました。そして、温度の上昇が、水車を回すのに使われた仕事と、比例関係にあることを見い出しました。そして、ジュールの仕事当量という関係を出したわけですね。

一方化学反応における熱の役割を、最初に定量的にとり上げたのは、ラボアジェなんです。彼は、後に大数学者として名を成した弟子のラプラスと共に、いろいろな化学反応に伴う熱を研究いたしましたが、その時に彼は、このような道具だて、化学反応に伴う熱を測定するのに絶対必要な「熱量計」を作りました。これは、三層からなっていますね。この主要な部分。そして、一番外側と二番目には氷を入れます、**氷水を入れます**。そして、一番中に熱を出す物質を入れます。例えば、質量と温度を計ったお湯を入れます。そうしますと、このお湯が氷の温度と同じになるまでに、その第二番目の層の中にある氷が溶けて水となって落ちますから、それを集めてその質量を計ることによって、発生した熱を計ることができるというわけです。

　さて、高等学校の化学の範囲の中で、化学反応と熱を問題にするとすれば、どうしても「ヘスの法則」のことをお話しなくてはなりません。ヘスもまた、**ヘスは、特に**化学反応ということを中心に扱いましたので、特別の装置を工夫いたしました。これがヘスの装置ですが、見てください。この、やはり水槽をが、**この水槽の中に**装置が入れられていますが、大文字のＡ、ここに反応物の一つが入ります。これは、回転するように取っ手がついていますね。そして、小文字のａに、もう一つの方の反応物を入れます。そして、このハンドルでぐるっと大文字のＡを回しますと、二つが混ざってしまい、反応が起こるわけですね。そうして、温度の上昇が起こります。それを温度計で計かりますと、反応によって生じた熱がわかるわけです。

　さて、ヘスはどういうことを考えたかというと、この硫、濃硫酸とアンモニアの反応を取り上げました。そして濃硫酸とアンモニア水を直接に反応させて生じる反応熱と、それから濃硫酸をいったん水で薄めて希硫酸とし、その時に生ずる熱と、それから希硫酸とアンモニア水を反応させてその時に生じる熱、この二つの和を比較いたしましたところ、この第一のやり方で得られる反応熱と、第二のやり方の反応熱とが等しいことを見つけたわけです。このようにして、彼はこの「ヘスの法則」を発見したわけですね。ところで、　このヘスが　「ヘスの法則」というのは結局、「エネルギー保存則」という宇宙の大法則の一つのあらわれなんですが、この「エネルギー保存則」は、マイヤーらが1842年に発見いたしましたが、ヘスはこのような簡単な実験と単純な思考でもって1840年マイヤーの２年前に、その「エネルギー保存則」を見つけたわけです。誠に簡単な実験と単純な思考の偉大さを教えてくれる例と言えます。

Chemical Story 20 The Rate of Chemical Reactions
Scientists

Wilhelmy, Ludwig 1812-1864, The first scientist to measure the velocity of a chemical reaction. He measured the velocity of the decomposition of cane sugar to grape sugar and fruit sugar.

Davy, Humphry 1778-1829. He observed that the presence of platinum accelerates the combustion of hydrogen.

Berzelius, Jön 1779-1848. He was the first to introduce the concept of catalysis.

Japanese and Corresponding English Technical Terms

ショ糖[トウ] = cane sugar; ブドウ糖 = grape sugar; 果[カ]糖 = fruit sugar;

加水[カスイ]分解[ブンカイ] = hydrolysis; 白金[ハッキン] = platinum; 触媒[ショクバイ] = catalyst; ハーバー法 = the Haber method; オストワルト法 = the Ostwald method;

酵素[コウソ] = enzyme; タンパク質 = protein; 高分子 = macromolecule;

アミラーゼ = amylase; ペプシン = pepsin; インベルターゼ = invertase;

麦芽[バクガ]糖 = malt suga; 炭酸[タンサン]脱水[ダッスイ] = carbonic acid dehydration.

日本語の学術用語の定義

触媒 = 化学反応に際し、反応物質以外のもので、それ自身は化学変化をうけず、しかも反応速度を変化させる物質；酵素 = 生体内で営まれる化学反応に触媒として作用する高分子物質；高分子 = 分子量の大きい分子.

単語

処方[ショホウ] = 仕方；精[セイ]一杯[イッパイ] = 力の限りを尽すさま；感銘[カンメイ] = 忘れられないほど深く感動すること；促進[ソクシン] = 物事がはかどるように、うながしすすめること；すざましい = すさまじい = ものすごい；甘味[あまミ] = 甘い味のもの；活躍[カツヤク] = めざましく活動すること.

ケミストリー２０ 「化学反応の速さ」

　皆さん、こんにちは。今日のテーマは「化学反応の速さ」です。皆さんは、例えば酸と塩基の反応は、あっという間に終わってしまうのに、また別の反応では、長時間の加熱を必、**必要**とする場合もある、ということを知っていますね。ま、実際、錬金術師達の処方の中には、何日も何日も加熱を要するような、そんな反応がいろいろ知られていました。ですから、このような経験があるんだから化学者達は、化学反応の速さに関心を持ったかというと、実はそういうことに関心を持つようになったのは、やっと19世紀の半ばになってからのことなんですね。考えてみますと、どういう反応が起こるのかということを調べるのに、精一杯だったと言える、**言えた＊**のかもしれませんね。

　それで、最初にそういうことを手がけたのは、ドイツのヴィルヘルミという化学者でした。彼は、ショ糖を酸などを触媒にして加水分解して、ブドウ糖と果糖に変える反応、この反応の速度がショ糖の濃度に比例する、そしてそれがきれいな数式で表されるということを最初に見つけたのです。しかし当時の化学者達は、あまりこの仕事に感銘を受けませんでした。ヴィルヘルミが少し時代に、こう先取りしすぎていたのかもしれません。

　しかしその後、化学工業が段々と発達してまいりますと、化学反応の速度というのが、非常に重要な意味を持つようになってまいりました。どんなに重要な、**重要な**化学反応でも、も

しその化学反応が終わるのに何日もかかるようでは、それはあまり実用的な意味を持たないことになりますね。そこで化学者達や技術者達は、反応を進める物質を一生懸命探すようになりました。

ケミストーリーでおなじみのディビーは、白金が水素の燃焼を促進することを知っていました。これは、まあ今日の触媒に相当するものですね。で、触媒というのは、化学反応に際してそれを少量加えると、反応の速さを非常にこう速めるんだけれども、それ自身は変化しない、そういう物質を指すんですね。

ところで、この触媒という言葉を最初に使ったのは、ベルセリウス、これは我々が使っている元素記号を導入した人でしたね。

さて、この20世紀の始めになりますと、アンモニア合成のハーバー法、そしてそのアンモニアから硝酸を作るオストワルト法、この二つの方法を組み合わせることによって、非常に重要な物質である硝酸が、水素と窒素から作られるようになりましたけれども、ここでも触媒が非常に大きな役割を果たしています。で、まあ今日工業的に進められている反応では、多かれ少なかれ触媒が活躍しておりますね。しかし、その触媒の中でも最も面白いのは、これはこの人間のあるいは生命の生体の身体の中の触媒、酵素、これですね。これは、一種のタンパク質性の高分子と考えることができます。

で、その中で名高いのは、今ここで見ているアミラーゼ、糖の分解酵素ですね。それからお腹の中にあってたんぱく質を分解するペプシン、こういったものが非常に有名になっています。で、酵素が最初に知られるようになったのも19世紀の終わりで、インベルターゼという麦芽糖分解酵素が1890年に見い出されております。

で、酵素がどんなにすさまじい働きをするのかということは、酵素のターンオーバー数というちょっとやっかいな数で考えてみるとよろしい。これは、酵素1分子が決められた時間、単位時間の間にどれだけその相手の分解するかという、その数なんですね。例えば、炭酸脱水酵素というやや難しい名前の酵素は、二酸化炭素と水から炭酸を作るようなそういう種類の反応なんですが、一分間にその酵素一つが3600万個の反応を引き起こす、秒に直すと1秒60万個ということになるわけですね。さっきお話しした
アミラーゼもなかなかのもので、1分当たり110万個、つまり1秒でいうと約2万ということになります。お米を口の中で長く噛[か]んでいると、口の中に甘味が広がってまいりますが、これがそのアミラーゼの活躍の結果ですね。

このように生命の維持そして化学工業の発展、このどちらにも触媒が大きな役割を果たしています。化学反応を支配するものがすべてを支配している、それが触媒である、ということができます。

　＊The change from 言える to 言えた deserves a comment. It represents a change from "can say" to "could say," which is the subjunctive mode in English.

Chemical Story 21 Chemical Equilibrium
Scientists

Berthollet, Claude 1748-1822. A contemporary of Lavoisier in France, he was a trusted adviser to Napoleon and for two years was a member of Napoleon's campaign in Egypt. He noticed the extremely high concentration of sodium carbonate in Lake Natron and then reasoned, in terms of a chemical theory of affinity, that the cause was the abundant presence of sodium chloride in the ground surface and of limestone in the mountains of Egypt and the high temperatures that prevail. Berthollet was led to believe that the amount of a given reactant would cause more or less of its componennts in the product. This contradicted the prevailing belief in the law of fixed proportions. In recent years, however, cases have been found, especially with metallic oxides and sulfides, that contradict the law of fixed proportions. These anomalies are due to lattice defects. Thus, Berthollet's supposition has found some confirmation.

Japanese and Corresponding English Technical Terms

質量[シツリョウ]作用[サヨウ]の法則 = law of mass action; 炭酸ナトリウム = sodium carbonate; 岩塩[ガンエン] = rock salt; 塩化ナトリウム = sodium chloride; 石灰石[セッカイセキ] = limestone; 炭酸カルシウム = calcium carbonate; 定比例[テイヒレイ]の法則 = the law of fixed proportions; 格子[コウシ]欠陥[ケッカン] = lattice defect; 金属の酸化物 = metallic oxides; 金属の硫化物 = metallic sulfides; 硫化鉄 = iron sulfides; 正常の結晶 = normal crystal; 格子侵入 = lattice penetration.

日本語の学術用語の定義

質量作用の法則＝化学平衡の状態では、生成した物質の濃度の積と反応する物質の濃度の積との比は、一定温度では一定値を保つという法則；定比例の法則＝一つの化合物をつくる成分元素間においては常にその質量比が一定であるという法則；格子欠陥＝規則正しい結晶格子の中にある配列の乱れや不純物原子の混在

単語

ギロチンの露と消えた＝ギロチンで空しく死んでしまった；顧問[コモン]＝相談にあずかり、助言を与える役目の人；遠征[エンセイ]＝遠い所へ攻めていくこと；碑文[ヒブン]＝石碑にほりつけた文章；石碑[セキヒ]＝石造りの記念碑；解読[カイドク]＝分からない文章や、暗語などを解いて読むこと；随行[ズイコウ]＝目上の人や偉い人などに付き従って行くこと；覆[くつがえ]す＝ひっくりかえす.

ケミストーリー２１　「化学平衡」

　　皆さん、こんにちは。今日のテーマは「化学平衡」です。「質量作用の法則」などが見出されて、化学平衡の概念が確立したのは、19世紀の終わりの方になってからですが、実はそれよりも百年ほど前、この問題について大きな貢献をした学者がいます。それは、フランスのペルトレです。彼はケミストーリーでもおなじみのラボアジエ、フランス革命でギロチンの露と消えた、あのラボアジエと同時代の人です。しかし彼は、ナポレオンに大変に信用されて、彼の顧問、あるいは家庭教師のような地位につきました。

　　ところで、ナポレオンは、エジプトに大遠征を企てましたが、その軍事的な意味はともかくとして、文化的な意味では、大変に大きな効果がありました。といいますのも、このナポレオンの大遠征に、大勢の学者がついて行ったのですが、その学者達が、ナイル川の河口のロゼッタ[Rosetta]という小さな村で、今日「ロゼッタストーン」[Rosetta Stone]と呼ばれる碑文を発見したんですね。これが後に解読されて、古代史に大きな進歩を与えたということは、皆さんも

世界史で学んだに違いありません。

　さて、この随行した学者団のなかに、ベルトレがいたわけです。彼はエジプトには、ナトロン湖[Lake Natron]、つまり炭酸ナトリウムが、非常に高い濃度で溶けている湖があるのに気が付きました。そして、彼は、それが、そばの岩塩、つまり塩化ナトリウムと、それから石灰石、つまり炭酸カルシウムですね、それとが、その条、**その条件**で反応して炭酸ナトリウムになったと、こんなふうに考えたんです。

　ベルトレは、ここでの反応、**このエジプトでの反応**というのは、温度が高いということ、それから炭酸カルシウムの濃度が非常に高いという、そういう特別な条件で、本来ならば実験室の中では起こらないような反応が、起こったんだと考えました。実験室の中では、一番溶解度の低い炭酸カルシウムができるはずなんですね。そこでベルトレは、こんなふうに考えました。化学反応で何ができるかというのは、その反応するものの種類だけではなく、温度とか、濃度といったこの反応条件によっても変わるんだと、こんなふうに考えたわけですね。

　で、これは、この時までに、化学者達が考えていたことと、少し違うわけです。確かに、例えば、ＡとＢからＡＢが生ずる反応で、という一般例で考えますと、ＡＢがどれだけできるかは、初めにあったＡとＢの量的関係で決まるというのが、当時の基本的な考えであり、またこれは化学平衡の概念なわけです。ところが、ベルトレはそれをさらに一歩進めまして、もしこの場合にＡがＢにくらべてたくさんあると、Ａがたくさん含まれているようなものができるんだ、とこういうふうに言ったわけです。これは、この「定比例の法則」とは対立する考えですね。例えば、鉄と酸素から酸化鉄ができる時に、もし酸素がたくさんあれば、酸素をたくさん含んだ酸化鉄ができるんだろうと言うのがベルトレの考えなわけです。で、これは「定比例の法則」がすでに認められつつありましたから、大変な論争になりました。そしてベルトレは結局負けたわけですね。ベルトレの分析が正しくなかったということになりました。

　確かにそれは、その時はそうだったんですが、今日、この非常に進んだ化学の目で、ベルトレの言ったことを振り返ってみますと、彼は必ずしもナンセンスなことを言ってたわけではありません。というのも、ベルトレの言ったような、つまり定比例の法則に従わないような物質が、いろいろあることがわかったんです。特に金属の酸化物や硫化物に例が多いんです。今見てもらっているのはチタンの酸化物、酸素はチタン
1に対して 0.60 から 1.35 の割合で変動します。硫化鉄でも同じような現象が、鉄と硫黄の関係によって、けっしてその比が整数になっていませんね。これはどんなにこの物質を精製しても、このような整数関係がなりたたないことが、消えません。

　今はその原因もわかっています。それは、こういった物質は、結晶を作っているわけですが、その、**これは**、今見てもらっているのは正常な結晶なわけです。ところが、ああいったチタンの酸化物や鉄の硫化物では、ところどころ原子が欠けている、「格子欠陥」と言いますが、そういうことが起こります。こうなりますと、当然「定比例の法則」には従いませんね。また時には、何かが欠けるというんじゃなくて、何かが余分に隙間[すきま]に入り込んでしまう、と言うようなことが起こる、「格子侵入」と言いますけれど、そういうことも起こり、これもやはり、「定比例の法則」を覆す原因になることですね。このように考えてみますと、ベルトレという化学者は、新しいというか、非常にユニークな考えを打ち立てることによって論戦を巻き起こし、それによって化学を大きく進歩させた人だと、こういうことができると思います。

Chemical Story 22 Acids and Bases
Scientists

Lavoisier, Antoine-Laurent 1734-1794. He discovered oxygen and proposed that oxygen was the key feature of acids.

Davy, Humphry 1778-1829 He established that chlorine is an element and thus disproved Lavoisier's theory of oxygen as the key feature of acids because hydrochloric acid contained no oxygen. Thus, the hydrogen theory of acidity began.

Arrhenius, Svante 1859-1929 He proposed the theory of electrolytic dissociation into ions and defined an acid as a compound that yielded a hydrogen ion in solution and a base as one that yielded a hydroxide ion. Thus, he proposed a theory for acids and bases.

Brønsted, Johannnes 1879-1947 Accepted the hydrogen ion donor as the key to the acids and added that a base is an acceptor of hydrogen ions. Thus, including the reaction between gaseous hydrogen and gaseous ammonia.

Lowry, Thomas 1874-1936 He published simultaneously the same generalized concept of acids and bases as Brønsted.

Lewis, Gilbert 1875-1946 He proposed that an acid is an acceptor of an unshared electron pair and that a base is a donor of an unshared electron pair.

Japanese and Corresponding English Technical Terms

酸[サン] = acids; 塩基[エンキ] = bases; 化学薬品[ヤクヒン] = chemical reagents; 醋酸[サクサン] = acetic acid; 酢[ス] = vinegar; 発酵[ハッコウ] = fermentation; 酒[さけ]作[づく]り = making *sake*; 塩酸[エンサン] = hydrochloric acid; 硫酸[リュウサン] = sulfuric acid; 硝酸[ショウサン] = nitric acid; 鉱産[コウサン] = the mineral acids; 水酸化[スイサンカ]カリウム = potassium hydroxide; 水酸化ナトリウム = sodium hydroxide; アルカリ = alkali; 水酸化物イオン = hydroxide ion; 非共有[ヒキョウユウ]電子対[デンシツイ] = unshared electron pair.

日本語の学術用語の定義

発酵 ＝ 一般に、酵母[コウボ]・細菌などの微生物が、有機化合物を分解してアルコール・有機酸・炭酸ガスなどを生ずる過程；鉱産 ＝ 炭素原子を含まない酸の総称。ただし炭酸は鉱産に含める；水酸化物イオン ＝ 水酸基の陰イオン。化学式 OH⁻.

ケミストーリー２２ 「酸と塩基」

皆さん、こんにちは。今日のテーマは「酸と塩基」です。酸、塩基どちらも古い化学薬品ですが、酸の方が早く登場しています。古代人が知っていたただ一つの酸は、酢酸でした。酢酸は、アルコールが発酵してできる酢の中に、数パーセント含まれていますね。ですから、酒造りに失敗すると、酢ができるわけです。楽しみにとって置いたぶどう酒が、突然変な味に変わってしまって、古代人達はがっかりいたしました。しかし、その用途がわかってくれば、話はまた別ですね。

さて、今日我々が盛んに使っている塩酸、硫酸、硝酸、これらをまとめて鉱酸と言いますが、これを最初に使い出したのは、アラビア人の化学者です。13、13世、14世紀頃には彼らは、今日の方法とは少し違いますけれども、これらの酸の作り方を知っていました。

塩基を使い出したのも、アラビア人[の]化学者です。水酸化カリウムや、水酸化ナトリウムのことをアルカリと言いますが、これはアラビア語、語源ですね。「アル(al)」は冠詞、「カ

44

リ」はキリ（quli）木の灰をあらわすキリ（quli）という言葉から出てきます。と言いますのも、当時はアルカリを木の灰からとっていたんです。アルコールもまたアラビア語が語源ですね。

　さて、いろいろ酸が知られてきますと、酸の本性、つまりいったい何が物質を酸性にするのか、ということについて考えを巡らすようになりました。ラボアジエは、酸素こそ酸の大事なポイントであると主張いたしました。ラボアジエは、酸素の、**酸素というもの**を、初めて認識した化学者ですね。

　ところが、少し時代が下って19世紀になってイギリスのデービーは、それまで酸素を含むと考えられていた塩素が、実は元素であるということ、したがって塩素と水素の化合物である塩化水素を水に溶かした塩酸には、酸素が含まれていないということを示しました。塩酸は、強い酸ですね。ですから、酸素が、酸素、**酸の第一条件である**というラボアジエの考えは、否定されることになります。酸の水素説が出てきました。

　ところが、この水素の役割、水素も実は水素そのものではなくて、水素イオンが大事であるということがわかってきました。19世紀の末にアレニウスは、ある種の物質は、水溶液の中では陽イオンと陰イオンに電離している、という電離説を唱えました。塩化ナトリウムは、水溶液中ではナトリウムイオンと塩化物イオンに電離していますね。で、アレニウスは、この電離説に従って酸塩基の理論を立てました。アレニウスによりますと、酸は水素イオンを出すもの、塩基は水酸化物イオンを出すものになります。

　ところが20世紀になってブレンステーズとローリーという学者は、別の意見を出しました。確かに酸は、水素イオンを出すものとして定義していいんだが、塩基は、水素イオンを受け取るものと考えよう。そうしますと、気体の水素と気体のアンモニアなどの反応もうまく説明できるからです。

　同じ頃、共有結合の考えを出したアメリカのルイスは、非共有電子対、結合に与かっていない電子対を鍵と考えました。これを受け取るものが酸、これを与えるものが塩基であると、このように定義したんです。

　さて、それでは、この酸の３通りの定義の仕方。お互いにどういうふうにあるのでしょうか。一番広い範囲をカバーしているのがルイスの考えですね。それに対して、アレニウスは、**アレニウスの説は**一番狭い範囲をカバーしている、つまり水溶液中だけで使える理論ということになります。このように化学の理論は、それぞれカバーする範囲が違っていますので、注意をする必要がありますね。

New Chemical Story 22 Acids and Bases
Background

In 1992 Professor Takeuchi revised his story about acids and bases. His first story traced the history of how chemists sought to characterize the nature of acids and bases. In this story he traces the history of how chemists progressively developed the industrial production of sulfuric acid, concluding with a visit to a modern industrial plant.

Japanese and Corresponding English Technical Terms

塩酸 = hydrochloric acid; 硫酸 = sulfuric acid; 硝酸 = nitric acid; 鉱産[コウサン] = mineral acids; 水酸化ナトリウム = sodium hydroxide; ミョウバン = alum; 鉱石[コウセキ] = ore; 精錬[セイレン] = refining; 二酸化硫黄[いおう] = sulfur dioxide; 副[フク]産物[サンブツ] = by-product; 三酸化硫黄 = sulfur trioxide; 産業[サンギョウ]革命[カクメイ] = industrial revolution; 窒素の酸化物 = nitrogen oxides; 塔[トウ]式法 = the tower method; 接触[セッショク]法 = contact process; 白金[ハッキン] = platinum; バナジウムの酸化物 = vanadium oxide; 燐酸[リンサン] = phosphoric acid; 岸壁[がんべき] = quay; 燃焼[ネンショウ]炉[ロ] = combustion furnace; 反応炉 = reactor.

日本語の学術用語の定義

鉱産＝無機酸；精錬＝粗金属の純度を高め精製する工程；副産物＝主産物を生産する過程で得られる他の産物；産業革命＝産業の技術的基礎が一変し、小さな手工業的な作業場に代って、機械設備による大工場が成立し、これとともに社会構造が根本的に変化すること；接触法＝固体触媒を用いる合成法.特に五酸化バナジウムなどを触媒とする硫酸の製造法

.単語

趣[おもむき]＝事柄の大事な内容；搬入[ハンニュウ]＝はこび入れること.持ち込むこと；岸壁＝船を横付けるために港の作った壁；どろどろ＝固体が溶けた液体に粘りが出ているさま；覗[の]ぞく＝小さな穴などから向こうを見る；輸送[ユソウ]船[セン]＝大量の貨物を運ぶ船；辿[たど]る＝道や川にそって進む.

新しいケミストーリー２２「酸と塩基」

　皆さん、こんにちは。今日のテーマは「酸と塩基」です。まあ、どちらも非常にありふれた薬品ですけれども、それらはしかし、だいぶ昔から知られていたというわけではありませんでした。古代人達が知っていたのは、酢酸だけだったんですね。で、ようやくアラビア人達は、塩酸、硫酸、硝酸といった、いわゆる鉱酸や、それから水酸化ナトリウムのようなアルカリを紹介したんです。

　1300年頃から化学者達は、例えばミョウバンといった一種の塩類を加熱して、硫酸を作っていました。しかし、こんなやり方では、硫酸の需要がだんだん増えてくると、到底、追いつけないことは明らかですね。

　硫酸を製造するというのは、実はそれほど難しいことではありません。硫黄を酸化すればいいからです。硫黄の酸化によってSO_2ができますが、実は多くの鉱石が硫黄を含んでいますから、金属の精錬によって副産物としてSO_2が得られるんです。で、これは容易に進む反応です。ところが、その二酸化硫黄を酸素と化合させて三酸化硫黄にする、この反応が実は非常に進み難い反応なんで、いわゆる自発的には進まない反応なんです。ここまで行けば、後は水を

加えて硫酸にするだけなんですが。そこで、その産業革命以降、化学者達はいろいろな工夫をして、この反応を進ませるように努力いたしました。いわゆる触媒の利用ですね。

　実際、始めは、窒素の酸化物を加えて、SO_2をSO_3にするような、いわゆる硝酸式の硫酸製造法が盛んに行われました。ま、これもいろいろな工夫がなされましたけれども、そのうちのなかで　塔式法と呼ばれるこの何本もの塔を建てて、反応を行わせる方式が、最終的な形として使われました。しかし、まあ昔の工場という趣が残っている写真ですね。

　ところで、この硝酸式製造法とは別の、触媒を使う接触法という方、**方法**も、かなり長い歴史を持っています。最初は、白金のような高価な金属が使われましたが、やがてバナジウムの酸化物のような、比較的安価なものが使われるようになって、接触法は次第に硫酸製造法の主力方法となってきたのです。

　一つその近代的な工場を見てみたいなと思います。というわけで、実際に接触法で硫酸を製造している、日本燐酸株式会社袖ヶ浦[そでがうら]工場に見学にやってまいりました。私の目の前は海で、原料を搬入したり、製品を積み出したりするための船が、もう岸壁に横付けになっています。この工場では、原料として原油を精製するときに出てくる硫黄を使っています。このタンクの中には、もうどろどろに溶けた硫黄が、装置に送られる状態で待っているわけですね。

　さっきのどろどろの硫黄が、今見たパイプラインに、この燃焼炉に送られますね。空気と混ざってここで燃焼が起こると、二酸化硫黄SO_2になるわけです。今見た硫黄燃焼炉の内部がここから覗けます。硫黄が白い炎を上げて燃えている様子がよく見えます。これが、酸化バナジウムを含む触媒で、この触媒の働きによって、二酸化硫黄が三酸化硫黄にスムースに変換するわけです。その反応は後ろの反応炉で進行するわけです。

　こうしてできた三酸化硫黄SO_3を水と混ぜれば、硫酸の出来上がりです。出来上がった硫酸は、パイプラインを使ってタンクローリーに送られたり、あるいは画面に見えている硫酸専用の輸送船に送られて、消費地に送られるわけです。まあ、こうして、硫酸の製造の様子、だいたい皆さん、理解できたんじゃないかなと思います。

　で、これができた硫酸ですね。何か水のように見えるけれども、紙の上にかけてみると、紙がたちまち色が変わってまいりますね。確かにこれは硫酸であるとわかると、（いう）わけですね。ま、このように硫酸の製造過程、これを辿っていきますと、化学の発展そのまま辿っていくように感じがいたします。また、他の酸、あるいはアルカリの歴史をまた辿ってみたいと思います。

Chemical Story 23 Strong and Weak Acids and Bases
Scientists

Scheele, Carl 1742-1786. His work in organic chemistry led to his discovery of various organic acids--oxalic acid, malic acid, and citric acid among them.

Bergmann,Torbern 1735-1784. A Swedish contemporary of Scheele, he did considerable work on the sensitivity of various plant juices to different degrees of acidity.

Arrhenius, Svante 1859 - 1927. He applied his theory of electrolytic dissociation, discussed in the previous story, to explain the difference between strong and weak acids as due to different degrees of dissociation.

Sørensen, Søren 1868 - 1939. In his work on hydrogen ion concentration, he simplified the complexity of expressing the wide range of values of concentrations by introducing pH.

Japanese and Corresponding English Technical Terms

シュウ酸 = oxalic acid; リンゴ酸 = malic acid; クエン酸 = citric acid; 植物[ショクブツ]汁[ジル] = plant juice; 指示[シジ]薬 = indicator; 炭酸[タンサン]水 = carbonated water; リトマス = litmus; スミレ汁[ジル] = juice of violets*; 電解[デンカイ]質 = electrolyte; 何乗[ナンジョウ] = what power; 逆[ギャク]数 = reciprocal; 対数 = logarithm.

*Historical note: In the search for appropriate plant juices to serve as indicators, violets were once given serious consideration. Thus, Robert Boyle reported in his book *Experimental History of Colours* that syrup of violet turns green in the presence of potash. A 13th century translation of an Andalusian cook book describes the process for making the syrup. "Take a ratl of fresh violet flowers, and cover them with three ratls of boiling water, and boil until their substance comes out; then take the clean part of it and mix it with four ratls of sugar, and cook all this until it takes the form of a syrup."
(A ratl was a traditional Arabic unit of weight of 0.9 -1.15 pound).

日本語の学術用語の定義

指示薬 = 容量分析における反応の終結点の判定に用いる試薬；

炭酸水二酸化炭素（炭酸ガス）の水溶液；電解質 = 水などの溶媒に溶かしたとき、陽イオンと陰イオンとに解離し、その溶液が電気を導くようになる物質；

逆数 = 0でない数 a に対し、ax＝1 を満たす数 x、すなわち 1 を a で割った数を a の逆数といい、a^{-1}、1/a などと書く；対数 = 正の数 a および N が与えられたとき、$N＝a^b$ という関係を満足する実数 b の値を、a を底[てい]とする N の対数といい、$b＝\log_a N$ で表す。N を b の真数という。特に e ＝ 2.71828… を底とする対数を自然対数といい、$\log_e N$ または ln N または log N で示し、10を底とする対数を常用対数といい、$\log_{10} N$ で表す。
N の常用対数を log N で表すこともある.

単語

薬棚[くすりだな] = 薬を並べておく棚；正体 = そのものの本当の姿；
振[ふ]る舞[ま]い = 人前での行動.

ケミストーリー２３ 「酸、塩基の強弱」

　皆さん、こんにちは。今日のテーマは「酸、塩基の強弱」です。前回は、酸、塩基、特に酸の考えが出てくる経過をお話いたしましたね。最初に酢酸が知られ、それからアラビア人達が塩酸とか硝酸を発明したんでした。ところで18世紀になりますと、シューレという化学者が、シュウ酸とかリンゴ酸クエン酸といった、いわゆる有機化合物の酸をたくさん発見いた

しました。そうして、化学者の薬棚に色々な酸が並ぶようになると、その違いということ、酸性の強さの差といったようなことが目についてまいりました。

また、この酸の正体というものは、わかっていたわけではありませんけれども、例えば指示薬、植物汁を使った指示薬でしたね、そういったものに対する振る舞いも違いました。シューレの同時代人のペリマンという人は、このようにまとめました。この青っぽい植物の汁、これが酸に対していろいろ振舞う、**振る舞い**が違ってくる。感度というふうに彼は表現して、**しています**けれども、酸に対する振る舞いが違うわけですね。炭酸水というものに対して、リトマスは赤くなるんだけれども、スミレ汁の場合には、これは炭酸水では赤くならない、こういったことをずっと色々な酸についてみると、**調べてみると**、酸の強い、弱いがわかるんじゃないか、というふうにペリマンは提案しました。実は、これは皆さんがいわゆる万能指示薬、万能試験紙で酸の強弱あるいは、水溶液、**水溶液の** pH を求める操作と実質的には同じことをやっている、そういうことになりますね。ですから、まだ酸の正体がわからなかったこの時代としては、大変に立派な考えだったということができます。

さて、前回紹介いたしましたアレニウスは、自分の電離説を使えば、酸の強弱が説明できると考えました。つまり強い酸というのは、うんと電離する酸であり、弱い酸というのはあまり電離しない酸です。この一般的にたくさん電離する、つまり電離する割合の大きい物質のことを強電解質、電離する割合の小さい物質のことを弱電解質といいますね。ですから強酸は強電解質、弱い弱酸は弱電解質であるとこう考えればいいわけです。ただ、強酸がいつでも100%電離するかというと、**そうでは、必ずしもそうではなくて**、薄い場合にはそうなりますけれども、濃い場合には90%とかそういうこともあります。しかし、弱酸については、だいたいせいぜい数%ということがわかっています。酢酸の場合もまあ1%前後ということなんですね。

さて、このように水素イオン濃度をいろいろ調べてまいりますと、その濃度が非常に広い範囲で、これはもう10のマイナス何乗という単位で表されるわけですが、非常に広い範囲で動くことがわかりました。これは大変な数を比較することになります。しかし、大事なのはその数そのものではなくて、10のマイナス何乗であるか、というとではないのかと、デンマークの生化学者ソレンセンという人が考えました。そこで彼は水素イオン指数つまり10のマイナス何乗かということだけを取り出せば、非常に簡単に扱えることを認識しました。そして、水素イオン濃度指数 pH というものを

した、に、有用な式で定義いたしましたね。水素イオン濃度の逆数の対数をとるという操作です。こうすることによって10のマイナス何乗という範囲が、十数桁にも及ぶ非常に広い範囲の値を、せいぜい0から14という小さな数で表すことができて、非常に取り扱いやすくなったわけですね。このように酸の強弱といった問題一つについても、長い時間かけて多くの化学者達がいろいろな工夫を凝らして、わかりやすく取り扱えるようにしたことが理解していただけたと思います。

47

Chemical Story 24 Neutralization and Salts
Scientists

Boyle, Robert 1627-1691. Renowned for his law of gases, he was also interested in acids and bases and sought a way to identify them. He used a moss that provided litmus, the first indicator.

Glauber, Johann 1604-1670. He was the best practical chemist in his day as well as the first industrial chemist, having built a factory to make chemicals and chemical equipment, both of which he sold to chemists. Thus, he originated industrial chemistry.

He was very interested in acids and bases and salts. He devised equipment to produce hydrochloric acid by adding sulfuric acid to sodium chloride and using distillation to obtain it. He also perfected a method to make potassium nitrate, an important component for explosives.

At that time how to identify neutralization had not yet been established, and in this reaction the nitric acid must not be either too little or too great. It is significant that Glauber realized that he should cease adding nitric acid when carbon dioxide was no longer produced.

Richter, Jeremias 1762-1807. Dedicated to stoicheometry, he established the law of neutrality and developed tables showing how much of various alkalies react with a given amount of a specific acid, thus a table of acid-base quivalents.

Arrhenius, Svante 1859-1927. At the end of the 19th century, he developed his theory of electrolytic dissociation and pointed out that an acid is a hydrogen ion donor and that a base is a hydroxide ion donor.

Japanese and Corresponding English Technical Terms

中和 = neutralization; 塩[エン] = salts; 酸[サン] = acids; 塩基[エンキ] = bases; 食塩[ショクエン] = table salt; 石灰[セッカイ]石[セキ] = limestone; 炭酸カルシウム = calcium hydroxide; リトマス試験紙[シケンシ] = litmus test paper; 苔[こけ]= moss; 指示薬[シジヤク] = an indicator; 礦業[コウギョウ]化学 = industrial chemistry; 応用[オウヨウ]化学 = applied chemistry; 薬品[ヤクヒン] = chemicals; 炭酸カリウム = potassium carbonate; 硝酸 = nitric acid; 硝酸カリウム = potassium nitrate; 硝石 = saltpeter; アルカリ = alkali; 電離[デンリ] 説 = theory of electrolytic dissociation; 水酸化物イオン = hydroxide ion.

日本語の学術用語の定義

中和 = 酸とアルカリの溶液を当量ずつ混ぜる時、そのおのおのの特性を失うこと；指示薬 = 容量分析における反応の終結点の判定に用いる試薬。酸塩基指示薬・酸化還元指示薬などがある；電離 = 電気解離の略。酸・塩基および塩類が水に溶解する時、イオンに分解すること；水酸化物イオン = 水酸基の陰イオン。化学式 OH⁻.

単語

走り = 物事のはじめとなったもの；重[かさ]ねる = 物の上に更に別の同じような物をのせる。積み上げる.

ケミストーリー２４中和と塩

皆さん、こんにちは。今日のテーマは「中和と塩」です。「塩（えん）」は例えば食塩のように、酸と塩基が反応してできる一群の物質のことなんです。しかし化学者は、実は、そのもとになる酸や塩基よりも、むしろ「塩」の方を昔から知っていました。それは何といっても、食塩やあるいは石灰石、つまり炭酸カルシウムなどに代表されるように、塩の方がはるかにありふれた物質だったからです。

では、化学者は、いったいいつ頃、どのようにして酸や塩基と、塩との関係に気が付いたんでしょうか。皆さんはボイルを知っていますね。「気体の法則」のボイルです。しかし、ボイルは、ただ気体のことを調べていただけではなくて、実は酸と塩基の問題にも大変な関心を持っていました。皆さんは

リトマス試験紙というのを知っていますが、そのリトマス試験紙は、リトマス苔という植物からとった色素を使っているんです。で、ボイルは、このリトマス苔を最初に「指示薬」として使った人の一人だというふうに言われています。

　しかし、酸や塩基と塩との関係をもっとはっきりと理解したのは、ボイルよりも少し先輩にあたるグラウバーという化学者のようです。グラウバーという人は、大変おもしろい人で、と言いますのも、当時の学者には全くないタイプの、言ってみれば、工業化学、応用化学の方面にセンスのある人でした。彼は、オランダのアムステルダムに、化学工場と言うんでしょうか、そういうものを建てて、薬品を作って、あるいは装置を作って、それをいろいろな化学者に売ったんですね、つまり彼は、工業化学者の走りと言うことができます。今、見ていただいているのは、彼が工夫した非常におもしろい装置の絵ですね。

　さて彼は、とりわけ酸や塩基、そして塩の問題に大きな貢献をいたしました。で、その一例をあげましょう。例えば彼は、塩化ナトリウム、食塩に濃硫酸を加えて加熱して、塩酸を作る、という方法を盛んに使って、塩酸を売り出しましたが、実はこれは、あるいは皆さんの教科書にも今でも載っているような反応であるかもしれませんね。

　それからまた、彼は、塩類の研究を通じても大きな仕事をしています。当時の一番大切な反応というのは、炭酸カルシウムと硝酸とを反応させて、硝酸カリウムつまり硝石をつくる反応です。硝石は火薬の原料ですね。で、よい硝石を作るためには、この炭酸カリウムと硝酸との割合を過不足なくすることが大事だったわけです。グラウバーは、この反応で発生する二酸化炭素に注目して、この発生が、二酸化炭素の発生が止まると、硝酸を加えるのを止めていました。指示薬のなかった当時としては、最上の工夫と言うべきですね。

　さて、中和ということの意味がはっきりしてきたのは、実は18世紀も末になってからのことですね。中和というのは、酸と塩基とが反応することです。そしてその量的な関係についてもだんだんわかってきました。一定量の酸と過不足なく中和する塩基の量、というのはどうもやはりこれは一定である。で、逆に、一定量の塩基と過不足なく反応する酸の量も一定である。で、それは酸の、あるいは塩基の種類によらないのではないか、こういったことが次第にわかってまいりました。そして、これらの知識を手がかりにして、ドイツのリヒターという人は、18世紀の末に「当量」という概念、つまりお互いに過不足なく反応する酸、あるいは塩基の量、当量ですね。こういう概念を確立いたしました。そして彼は、一定量の酸と反応するいろいろな塩基の当量の表を作りました。で、今日の原子量を入れて、このリヒターが求めた値を計算し直してみますと、皆さんが知っているような当量関係が再現されます。つまり、リヒターは、大変いい値を出していたということがわかります。

　ところでこのリヒターの時代、酸はもっぱら酸化物、つまり酸素と結びつけられて、考えていました、考えられていました。つまり酸素がなくては酸の性質は出てこないというわけです。ですから、この例えば硝酸と水酸化カリウムの反応でも、硝酸は窒素の酸化物のような形で表されています。塩基もまた水酸化物ではなく、酸化物として表されている、こういう時代だったんです。

　やがて、酸の一番大切なものは、酸素ではなくて、実は水素であるということがわかってきました。そうしますと、硝酸は水素を含むような形で表されます。19世紀の終わりになってアレニウスが電離説を唱えます。そのアレニウスの考え方によれば、酸とは、水素イオンを出すものであり、塩基とは水酸化物イオンを出すものですね。したがって電離説に従った中和反応は、水素イオンと水酸化物イオンから水ができる反応というふうに書かれます。このようにこの理論の発展によって、同じ中和反応でも表し方がだんだんと、まあ、違ってくるようになるわけですね。さて、このように塩、そして酸と塩基との中和反応、こういった反応の研究を通じて、化学は著しく進歩を重ねていった、こんなふうに言うことができます。

Chemical Story 25 Neutralization Titration
Scientists

Boyle, Robert 1627-1691. He noted that the colors of the juice squeezed from litmus moss and that from violets changed upon the addition of acids and bases. Thus, he discovered indicators.

Geoffrey, Claude 1685 -1752. To determine the strength of vinegar, he added measured amounts of solid potassium carbonate until the bubbles of carbon dioxide ceased and took that as the end point. That was the beginning of neutralization titration.

Perkin, William 1838-1907. He made the dye-stuff mauve, aniline purple, the first dye-stuff to be made commercially.

Japanese and Corresponding English Technical Terms

滴定[テキテイ] = titration; 酢[す] = vinegar; 終点[シュウテン] = end point; 色素[シキソ] = pigment; 人工[ジンコウ]染料[センリョウ] = artificial dye-stuffs; 合成[ゴウセイ] = synthesis; モーブ = mauve; フェノールフタレイン = phenolphthalein; メチルオレンジ = methyl orange; キノイド型 = quinoid form; カロテン = carotene; 人参[ニンジン] = carrot; 炭化水素 = hydrocarbon.

日本語学術用語野定義

滴定 = 容量分析において、試料物質の溶液の一定量と反応するのに必要かつ十分な 既知[キチ]濃度の試薬（標準溶液）の量を求め、計算により試料濃度を知ること。 通常は反応溶液の一方をビュレットから滴下するのでこの名がある；色素 = 物体に 色を与える成分；炭化水素 = 炭素と水素のみから成る化合物の総称。パラフィン・オレフィン などの鎖式炭化水素や、ベンゼン・ナフタレンなどの環式炭化水素がある.

単語

絞[しぼ]り汁[じる] = しぼってとった液汁；走[はし]り = 物事のはじめとなったもの.

ケミストーリー２５ 「中和滴定」

　皆さん、こんにちは。今日のテーマは「中和滴定」です。酸、塩基、塩と、そしてまた中和滴定と、ケミストーリーでもこの関係の話題をずっと取り上げていますが、化学の中でも重要なポイントです。もう少し勉強を続けましょう。

　さて前回にボイルと指示薬の話をいたしました。彼がリトマス苔やあるいは、すみれの絞り汁などを使って指示薬とした、というお話でしたね。さて、18世紀の初めにはジョフロアという化学者が、お酢の濃さを決めるのに、固体の炭酸カルシ、**炭酸カリウム**を使っています。そして、二酸化炭素の泡立ちが終わったところを終点にするというふうにして、実験していますが、これは「中和滴定」の走りだ、なんて言われていますね。

　18世紀の半ばには、この中和滴定の終点を見つけるのに、ボイル以来のリトマス苔やすみれの絞り汁を指示薬として使うと良い、ということがだんだんと広まってきました。すみれというわけにはいきませんが、この紫キャベツの絞り汁を使って、実験してもらいましょう。右側が酸性の溶液、きれいに色が赤っぽくつきます。左側が塩基性の溶液、今度は緑色になりますね。こういうふうに植物の汁は、指示薬に使えることがわかります。

　しかしこれはあまり便利なものではありません。植物の汁というのは長持ちしませんし、ともかくも、その都度植物を取ってきて、汁を作らなくてはならないというのは、これは大変面倒ですね。そこで、化学者達は、そのような面倒のない指示薬はないものかと、捜し求めて

参りましたが、実は一世紀もの間、ついに不自由なままで終わってしまったのです。どうしてもいいものが見つかりませんでした。

しかし、その間に化学もだんだんと進歩してきて、19世紀の半ばには、イギリスのパーキンという人が、初めて人口の染料、色素を作るのに成功しました。最初のものは、モーブという紫色の染料で、今、その染料で染めた布を持ったパーキンが映っていますね。そして、この人口染料の工業は、初めイギリスで、そして後にドイツで盛んになり、多くの色素が使わ、**作られました。**

そして、その中には指示薬として役に立つものが、見つかったのです。モーブが作られてから20年後には、フェノールフタレインが、そしてその翌年には、メチルオレンジが見つかりました。

ではこれらの指示薬が、どうして指示薬として働くのかを考えてみましょう。指示薬として役に立つためには、溶液が酸性から塩基性に、あるいは塩基性から酸性に変わったときに、その指示薬の色がはっきり変わらなくてはいけません。これをよく使われるフェノールフタレインを使って見てみましょう。右側には酸性の溶液、フェノールフタレインを入れますが、色に変化はありません。左側には塩基性の溶液です。このように非常に鮮やかに色が変わりますね。

さて、それでは、なぜこのように色の著しい変化が起こるんでしょうか。それはこういうことです。フェノールフタレインは、一種の酸なんです。そして、酸の構造をとっているときには、無色です。ところが、それに、**が**塩基性になりますと、酸が中和されて、塩になります。実はフェノールフタレインの塩そのものも無色なんですけれども、実際にはそれから水が取れて、今キノイド型と書いてあるそういう構造に変わります。で、これが実は非常に鮮やかな赤色をしているんですね。で、またこれに酸を加えて、溶液を酸性に戻しますと、逆の過程が起こって、またフェノールフタレインは酸の形になり、したがって溶液は無色になります。

実際、いろいろな指示薬を調べてみますと、どれも酸の構造を持っているか、あるいは塩基の構造を持っているかがわかります。メチルオレンジとか、ＢＴＢとか、皆さんのよく知っている他の指示薬も、皆、酸かあるいは塩基の構造を持っているんです。

しかし、逆は必ずしも真ならずで、色を持っているものがすべて酸あるいは塩基であるかというとそうではありません。例えば、人参やトマトの色素として有名なβカロテン、このものは、炭化水素ですね。構造式を見てください。炭素と水素からしか、含まれていないわけですね。こういうものには、酸性の原因はありませんから、塩基性の原因もありませんから、酸でも塩基でもなく、したがって指示薬としては使えません。

さて、いろいろお話してきましたが、化学と色との関係は、なかなか話題が豊かな分野なんです。皆さんも、もう少し勉強した後で、例えば、なぜカロテンが赤い色をするのか、といったようなことを学んでほしいと思います。

Chemical Story 26 Copper and Iron
Scientists

Watt, James 1736-1819. He markedly improved the Newcomen steam engine by introducing the separate condenser. Previously the condensing water had been injected into the steam cylinder.

Japanese and Corresponding English Technical Terms

金[キン] = gold; 銀[ギン] = silver; 銅[ドウ] = copper; 鉄[テツ] = iron;

単体[タンタイ] = simple substance; 鉱石[コウセキ] = ore; 還元[カンゲン] = reduction;

冶金[ヤキン] = metallurgy; 精錬[セイレン] = refining; スズ = tin; 青銅[セイドウ] = bronze;

合金[ゴウキン] = alloy; 木炭[モクタン] = charcoal; 銑鉄[センテツ] = pig iron;

鋳物[いもの] = a casting; 石炭 = coal; 鋼鉄[コウテツ] = steel.

日本語の学術用語の定義

還元 = 酸化された物質を元へ戻すこと、すなわち酸素を奪うこと；精錬 = 粗金属の
純度を高め精製する工程；銑鉄 = 鉄鉱石から直接に製造された鉄。不純物が多い；
鋳物 = 鉄・青銅・アルミニウム・マグネシウム・アンチモン・錫・鉛などの金属を
溶融し、鋳型[イガタ]に流し込んで作った器物；鋳型 = 溶かした金属を注入して
鋳物の形をつくるための型；鋼鉄 = 鉄と炭素との合金。炭素濃度2.0パ-セント以下。
諸種の成型が可能であり、また、熱処理によって性質を著しく変化させることができる.

単語

惑星[ワクセイ] = 恒星の周囲を公転する星；恒星[コウセイ] = 天球上で相互の位置を
ほとんど変えず、太陽と同じく自ら発光する天体；焚火[たきび] =
野外で炊く火；精錬[セイレン] = 金属の純度を高くすること；鎧[よろい] =
戦いに着用して身体を防護する武具の総称；；鞴[ふいごう] = 金属の熱処理や精錬に
用いる送風器；無敵[ムテキ] = 敵対できるもののないこと；高炉[コウロ] =
製鉄工場で鉄鉱石から銑鉄[センテツ]を製出する炉；熔[と]かす = 融解[ユウカイ]する；
融解 = 固体が熱によって液体になる；森林[シンリン] = 樹木の密生している所；
濫伐[ランバツ] = 山や林の樹木をむやみに切ること；はげ山 = 木や草の生えていない山.

ケミストーリー２６「銅と鉄」

　皆さん、こんにちは。今日のテーマは「銅と鉄」です。現在私達は、およそ100ほどの元素を知っています。元素発見の歴史は、化学の歴史そのものと言ってもいいくらいです。ところで、それでは古代人達は、一体何種類くらいの元素を知っていたんでしょうか。表を見てください。九つですね。金、銀、銅、鉄など七種の金属と二つの非金属です。

　ところで、古代人にとって知られている金属が七つである、ということは、決してこれは偶然ではありませんでした。太陽と月、それに当時知られていた五つの惑星を合わせると、大事な天体は七つですね。したがって金属も七つ、**七種**であるべきでした。その鉱石の色から鉄、アイアンは、赤い火星と結び付けられます。金が太陽と、そして銀が月と結び付けられる、というお話しは前にもいたしましたね。さて、こうしてみますと、この昔から知られていた金属というのは、金、銀に代表されるように、安定な金属が多いということに気が付きます。それだけ発見されやすかった、ということになりましょう。

銅と鉄でも同じことが言えます。初めに発見されたのは、銅でした。今から、というのか、紀元前4000の頃の、頃のことです。で、銅は場合によっては、単体で発見されることもあったぐらいですし、その鉱石は比較的還元されやすく、焚火程度の温度でも還元されて、金属が取り出されました。これは、その頃の冶金の様子を、図にしたものです。

　さて、千年ほどの間に、銅は大量に精錬されるようになり、紀元前3200年頃のエジプトのお墓から、銅のフライパンが出てきたということですから、そのくらい普及したということになりますね。

　ほどなく、紀元前3000年頃、人間は偶然の機会に、銅とそれからスズの合金である青銅を発見いたしました。青銅は銅よりもはるかに硬く、したがって武器や鎧にするのに適しているわけですね。青銅器時代が始まりました。この青銅器の鎧をつけて英雄アキレス達が、神々の前で戦ったあの「トロヤ戦争」これが青銅器時代の最大のイベントだったと言えますね。

　さてやがて人間は、この青銅よりもさらに強い、丈夫な金属を手にいたしました。鉄です。これは紀元前1500年頃のことで、ヒッタイト人達[Hittites]が鉄の精錬の技術を発見いたしました。鉄の鉱石を還元するのは、銅の鉱石を還元するよりもはるかに難しいので、焚火程度の温度ではだめです。したがってより高い温度を得るための木炭、そしてさらに温度を上げるために風を吹き込む鞴といったような新しい技術が必要でした。しかし、この強い鉄を武器としたヒッタイト人達は、まさに無敵の勝利を重ねて、小アジアに大王国を作ることに成功したんでしたね。

　しかし、その製鉄の技術も長い間停滞しておりまして、目覚しい進歩がなされたのは、なんと3000年後、いまから1500年頃のことで　いわゆる「高炉の発明」になります。この高炉あるいは溶鉱炉の発明によって、鉄は初めて熔かされて、それによって鉄の鋳物を作ることができるようになりました。つまり、それによって鉄の大砲とか、あるいは、鉄のお城の門といったものが作られるようになったんですね。これは、当然のことながら非常に大きな社会的な影響を与えました。そしてまた鉄の需要も急速に伸びました。そういたしますと、それに必要な木炭を作るために、森林の乱伐が始まります。あっと言う間にヨーロッパ中の森林がはげ山になってしまいました。

　代わりに求められた燃料は石炭です。しかしそれもまた地表の石炭が掘り尽くされ、地下深く掘り進む必要が出てまいりました。そうすると地下水の問題が出てきます。初めはこうやって人間がくみ出したり、あるいは馬を使ったりしましたが、ついに間に合わなくなって、18世紀の初めに出てきた、蒸気機関の助けを借りるようになりました。この蒸気機関も初めは大変に能率が悪くて、役に立たなかったんですけれども、この世紀の末にワットが、あるいはワット達が、その他の優秀な技術達、技術者達がいろいろな工夫を重ねて、性能のいいものにして、ようやく石炭が比較的安価に取り出されるようになったんです。こうして、鋼鉄の時代に入っていくわけですが、この間、化学の役割もけして小さくはなかったわけです。

Chemical Story 27 Metallic Ion Reactions and Nuclear Fission
Scientists

Fermi, Enrico 1901-1954. Soon after the neutron was discovered, he struck atomic number 92 uranium with neutrons and discovered that a new radioactive nuclide was formed. Physicists reasoned: either the neutron entered the uranium to form a transuranium element or a neutron went out of the uranium to form a nearby element such as perhaps atomic number 88 radium.

Hahn, Otto 1879-1968. Experience with metallic ion reactions and analysis gave him the skills needed to anayze the unknown element derived from disintegration of the uranium. His method was to add, to the tiny amount, a non-radioactive element thought to be an isotope of it. If upon precipitating the stable element thus chosen, the precipitate was radioactive, then his choice was correct. He thus established that it was barium and that nuclear fission had occurred.

Meitner, Lise 1878-1966. She was a fellow researcher with Hahn who joined in this reasearch.

Japanese and Corresponding English Technical Terms

金属イオン = metallic ions; 核分裂[カクブンレツ] = nuclear fission; 中性[チュウセイ]子 = neutron; 原子番号[ばんごう] = atomic number; ウラン = uranium; 放射能[ホウシャノウ] = radioactivity; 核種[カクシュ] = nuclide; 超[チョウ]ウラン元素 = a transuranium element; ラジウム = radium; 分析[ブンセキ] = analysis; 沈澱[チンデン] = precipitation; 放射性同位体= radioactive isotope; 安定同位体 = stable isotope; 試薬[シヤク] = reagent; ガイガーカウンター = geiger counter; 振[ふ]る舞[ま]い = behavior; 質量数[シツリョウスウ] = mass number; 塩化物 = chloride; 塩化銀 = silver chloride; 硝酸[ショウサン] = nitric acid; 原子爆弾[バクダン] = atomic bomb.

日本語の学術用語の定義

核分裂 = ウラン・トリウム・プルトニウムなどの重い原子核が、中性子などの照射によってほぼ同程度の大きさの2個の原子核に分裂する現象；放射能 = 放射性物質が放射線を出す現象または性質；質量数 = 原子核を構成する核子（陽子と中性子）の総数；原子爆弾 = ウラン235・プルトニウム239などに核分裂反応を爆発的に行わせたとき発生する熱線・衝撃波・各種放射線で殺傷・破壊する爆弾。1945年8月にウランを用いたものが広島に、プルトニウムを用いたものが長崎に投下され、大惨害をもたらした.

単語

意外[イガイ] = 思いのほか;確認[カクニン] = はっきり確かめること;単純[タンジュン] = 複雑でないこと;明快[メイカイ] = 筋道が明らかですっきりしていること;巧妙[コウミョウ] = すぐれてたくみなこと;途方[トホウ]もない = 条理にはずれている;巻[ま]き起[お]こす = ある状態を思い掛けなく発生させる;

ケミストーリー２７ 「金属イオンの反応と核分裂」

　皆さん、こんにちは。今日のテーマは「金属イオンの反応」です。金属イオンの反応についての詳しい知識が、核分裂の発見を導いた、という一寸意外なお話をいたしましょう。

　1930年頃、イタリアの物理学者、有名なフェルミは、発見されたばかりの中性子を原子番号92のウランにぶつけてみました。そうしますと、何か新しい核種が、**放射能を示す新しい核種が**、見つかりましたので、当時の物理学者は皆、これはもしかしたら、ウランに中性子が取り込まれて、新しいウランよりも重い、超ウラン元素ができたのか、あるいはウランから何か

が飛び出して、ウランに近いような、例えば原子番号88のラジウムなどができたのではないかと考えました。

　さて、この問題は、まさに金属イオンの反応の問題ですね。金属イオンが何であるかということを、例えば皆さんが実験、**自分で実験**したり、あるいは先生が見て、**見せて**くださるような沈澱反応を利用して確認することができれば、このウランから何ができたか、ということが証明できるというわけです。

　さて、この問題に取り組んだのは、ハーンとそしてその共同研究者のマイトナーでした。で、彼はこの金属イオンの反応にかけては、**金属イオンの分析にかけては**、大変なプロフェッショナルでしたが、その点、物理学者であるフェルミ達は、この物質の取り扱いというものについては、それほど技術を持っているわけではありませんでした。特に、ほんのわずかの量の物質しか取り出せ、**取り得られ**ませんので、分析がいっそう難しかったわけです。ここで、ハーンが使った方法を、ちょっと面倒ですけれども、見てみることにいたしましょう。

　で、この放射性同位体に、その元素の安定同位体、つまり放射能がない普通の同位体を加えて、そこにその同位体の元素を沈澱させる試薬を加えてみます。そうしますと、沈澱には放射能があらわれるので、ガイガーカウンターでそれを調べることができるわけですね。で、この考えの基礎になっているのは、同位体というものは化学的には同じ振る舞いをするということなんですね。

　皆さんは、例えば塩素には、質量数35と質量数37の同位体があることを知っていますね。そのどちらの同位体も塩化物イオンになっていますと、銀イオンと反応して、硝酸[sic]塩化銀の沈澱を出すわけです。

　つまりウランから生じた金属が、その加えた金属と同じであれば、沈澱に放射能があらわれるし、ウランから生じた金属と違う金属、**別の金属**を加えた場合には、沈澱に放射能があらわれてこないという、極めて単純明快な、しかし巧妙な方法なわけですね。

　ハーンは、このウランから生じた新しい金属が、バリウムと一緒に沈澱することを見い出しました。バリウムと一緒に沈澱するもの、別の言い方をすれば、バリウムから分けることができないものは何でしょうか。答えはただ一つ、バリウムです。

　しかし、もしウランからバリウムが生じたとすると、それは図に見えるように、ウランがほぼふたつに割れて、バリウムともう一つの元素になると、そういうことを、つまり核分裂というようなことを考えなければなりません。ドルトン以来、原子は壊れることがないと言われていたのに、その考え方をひっくり返さなければならないわけです。この考えは、フェルミを始め物理学者にとっては、途方もないもののように思われました。しかし、ハーンは自分の実験技術に絶対の自信を持っていました。自分が分けることができなければ、それはもうバリウムに違いないと確信いたしました。こうしてハーンは、核分裂の説を発表いたしました。この核分裂説は、大変な議論を巻き起こしましたが、特にこの核分裂に伴って、大量のエネルギーが生ずる可能性が問題になりました。そしてこの、可能性に基づいてアメリカ政府は、原子爆弾の製造する有名なマンハッタン計画に乗り出したわけです。つまり原子爆弾の製造が開始されたわけですね。こうしてみますと、バリウムイオンを、正しくバリウムイオンと認識する金属イオンの反応についての知識が、原子爆弾を作り出すという、まさに世界を動かすことになったということが、おわかりいただけたと思います。

Chemical Story 28 Oxidation and Reduction
Scientists

Lavoisier, Antoine 1743-1794. His major contribution to chemistry was his correctly discerning the role of oxygen in combustion. He extended his oxygen research to respiration and used his calorimeter to confirm that respiration burns carbon in the body; one of his experiments involved a small rodent known as a marmot.

Japanese and Corresponding English Technical Terms

酸化[サンカ] = oxidation; 還元[カンゲン] = reduction; 生化学[セイカガク] = biochemistry; 代謝[タイシャ] = metabolism; 燐酸[リンサン] = phosphoric acid; アデノシン３燐酸 = adenosine triphosphate (ATP); 酸化水銀 = mercury oxide; 光合成[コウゴウセイ] = photosynthesis; 吸熱[キュウネツ]反応 = endothermic reaction.

日本語の学術用語の定義

生化学＝生命・生理現象を化学的側面から研究する学問；光合成＝生物、主に葉緑素[ヨウリョクソ]をもつ植物が、光のエネルギーを用いて、吸収した二酸化炭素と水分とから有機化合物を合成すること；吸熱反応＝熱の吸収を伴う化学反応.

単語

モルモット＝テンジクネズミ属の一種。名は別種動物のマーモットの誤用；貯金[チョキン]＝貯えること＝金銭・品物・体力などを後の用のためにためておくこと；埋[うず]まる＝他の物の中に没[ボツ]して、外から見えなくなる.

ケミストーリー２８ 「酸化と還元」

　皆さん、こんにちは。今日のテーマは「酸化と還元」です。この酸化に関連して、ケミストーリーで私はたびたびラボアジエの話をいたしました。ラボアジエの最大の功績は、燃焼の過程における酸素の役割を正しく認識したことでしたね。燃焼というのは、まか不思議なフロギストンが、燃えるものから飛び出すことではなくて、燃えるものが空気中の酸素と化合することだ、とラボアジエは正しく認識いたしました。彼はまた化学反応と熱の関係にも注目し、化学反応で生ずる熱を測る熱量計を作ったという、そんな話もいたしましたね。

　で、この熱量計を使って、彼はいろいろ生化学的な実験も行いました。その熱量計の中にモルモット[marmot]を入れて、**10時間ほど入れて**、その間にモルモットが吐き出す空気、二酸化酸素の体積と、それから周りにあった氷がどのくらい溶けたかを測りました。そして、モルモットが出したのと同じ量の二酸化酸素が生ずる、それだけの量の炭素を燃やしてみて、どれだけの氷が溶けるかを調べたんです。結果は彼の予想どおりでした。ほぼ同じだったんですね。つまりこの実験によってラボアジエは、動物の呼吸というものも、燃焼の一つの形態であると、いうふうに結論をしたわけです。呼吸は、燃焼の一つの形態であるといっても、実際に起こっていることは、少し違います。

　で、例えば、この食物と燃料というふうに対比させてみますと、燃料が酸素と化合して二酸化炭素と水になる、これは一遍に進む過程ですが、食物が酸素と化合する場合には、「代謝」と呼ばれる非常に複雑な何段階かの過程を経て、二酸化炭素と水になる。で、やはり同じように熱エネルギーがでるわけです。

　しかし、この呼吸とそれから燃焼、つまり代謝のかかわった呼吸と燃焼との違いは、まだもう一つあります。それは、代謝の前には、すべてのエネルギーが熱エネルギーになるわけでは

なくて、かなりの部分が化学的なエネルギーとして蓄えられる、そして後、いろいろ使われるというところですね。で、この化学エネルギーを蓄える、このエネルギーの貯金、それの貯金の場所が、有名な、皆さん生物[学]でも習うＡＴＰ－アデノシン３燐酸、というわけですね。さて、この様に生物の身体の中では、もっぱら酸化型の反応が起こっております。

　しかし皆さんは、酸化があれば還元がある、つまり、酸化が起これば、その裏には必ず還元されるものがあるということを知っていますね。参加と還元は、紙のいわば裏と表のような関係にあります。

　酸化が酸素との結合であるとすると、還元は酸素の放出ということになります。そういたしますと、酸素を失うような反応は、代表的な還元の例ということになりますね。で、皆さんはプリーストリーやラボアジエが、酸化水銀などを加熱して、酸素を発生させたということを、学んだわけですが、この反応は、まさに代表的な還元反応であって、酸化反応の逆の過程になっていることがわかると思います。

　さて、酸化と還元は非常に重要な反応なので、大いに研究されたわけですが、さて、この物質世界を見渡してみますと、この<u>生体</u>、**生物**が盛んに酸化反応を行うとすると、その生物が酸化反応を行うことができるようにするために、酸化されやすいものを　<u>作ら</u>、**作り**出す過程が必ずあるはずですね。もしそうでないとすると、生物が作り出す二酸化炭素と水で世界中が埋まってしまうということになってしまうからです。

　で、それは、生物が作り出した二酸化炭素と水から、ブドウ糖などを使う「光合成」「ひかり合成」がこの逆の過程になっていることがわかりますね。二酸化炭素と水から、ブドウ糖と酸素ができる「ひかり合成」は、エネルギー的には吸熱反応であって、還元的なプロセスである。それに対して、ブドウ糖などが動物によって消費される過程、代謝の過程が発熱過程であり、酸化的な過程になっているわけです。で、この全体のプロセスによって、動物はもっぱらこの上の方の過程を行うだけであって、太陽エネルギーを利用して、二酸化炭素と水からブドウ糖を作るという光合成を、すべて植物におんぶしてしまっているわけですね。

　さて、皆さんは、化学の学習のなかで試験管やフラスコの中で起こる、酸化、還元反応を習います。しかし、一方試験管の外では、世界的な規模で、宇宙的な規模で、酸化と還元が起こっているという、その大規模な酸化と還元反応にも注目しなければいけないと思います。

Chemical Story 29 Ionization Tendencies of Metals
Scientists

Galvani, Luigi 1737-1798. In 1792 he published his famous study of the convulsive jerking of frog legs when in contact with two metals. However, he misinterpreted the contractions, supposing them to be the result of discharges of what he called a "nerveoelectrical fluid" that had accumulated in the muscle--contending that the muscle functioned as a Leyden jar.

Volta, Alessandro 1745-1827. He took interest in Galvani's research but puzzled as to its implications. He came upon the correct cause; the electrical discharge occurs when two metals are joined with a moist material between. He also observed that the strength of the discharge varies with the metals thusly joined and published a table giving the order of their relative strengths, which he called the voltage series.

Japanese and Corresponding English Technical Terms

イオン化傾向[ケイコウ] = ionization tendency; 解剖[カイボウ]学者 = anatomist;

摩擦[マサツ]電気 frictional electricity; メス = a scalpel; 神経[シンケイ] = nerve;

火花[ひばな] = a spark; 電気えい = electric ray; 電気うなぎ = electrc eel;

しんちゅう = brass; 脊髄[セキズイ] = spinal cord; 脳髄[ノウズイ] = the brain;

蓄[チク]電器 = condenser; イオン化列 = ionization series.

日本語の学術用語の定義

イオン化傾向 = 金属が金属イオンを含む溶液と接するとき、イオンとなって溶液中に入ろうとする傾向の度合；摩擦電気 = 異なる物質同士の摩擦によって生ずる電気。ガラスと絹とではガラスに正電気、絹に負電気を生ずる；火花 = 飛び散る火；蓄電器 = 電気の導体に多量の電荷を蓄積させる装置。絶縁した二つの導体（両極）が接近し、正負の電荷を帯びると、その電気間の引力により電荷が蓄えられる.

単語

蛙[かえる] = 両生類のうちで親になると尾のなくなるものの総称；剥[む]き出[だ]し = 何の覆いもなくむき出すこと；痙攣[ケイレン] = 筋肉が発作的に収縮を繰り返すこと；コンデンサー = 絶縁した二つの導体（両極）が接近し、正負の電荷を帯びると、その電気間の引力により電荷が蓄えられる；これだけ = これほど；欠片[かけら] = 物の欠けた片。断片；定評[テイヒョウ] = 多くの人がそうだと認めている評判または評価；元祖[ガンソ] = ある物事を初めてしだした人.

ケミストーリー２９　「金属のイオン化傾向」

　皆さん、こんにちは。今日のテーマは「金属のイオン化傾向」です。これから続くいくつかの電気関係の話と、まとめて聞いていただけるかと思います。

　さて、今日の話のきっかけは、ヨーロッパの人が蛙を食べるということです。イタリアの解剖学者ガルバーニは、病気の奥さんのために、蛙を料理していました。皮をはいだ蛙を、実験机の上の帯電した発電器、これは摩擦電気で電気を作り出す装置ですね、そのそばに置きました。で、奥さんが何気なく、その発電器のそばにあったメスを手にして、その先を蛙の足の剥き出しになった神経に触ってみました。そうするとどうでしょう。火花がとんで、蛙の足が激しく痙攣したんです。驚いた奥さんは、それを夫に報告し、ガルバーニ先生もそれを確認いたしました。確かに、動物が電気的な現象を起こすことは、昔から知られていました。電気え

いとか電気うなぎなどですね。しかし、これは明らかにそれとは違いました。というのも、この電気のもとになる発電器と蛙とは、つながっていなかったからです。そこで、ガルバーニ先生は、この現象に興味を持って、熱心に研究を始めるようになったんです。

さて、このガルバーニの一番大切な発見は、鉄としんちゅうといった、二つの異なる金属を組み合わせたときに起こる痙攣でした。例えば、蛙の足を図のように鉄の実験台の上に置き、そして、蛙の脊髄に刺した、しんちゅうの針金を鉄の台に触れさせると、痙攣が起こりました。この時には、この発電器のようなものは、何もありません。そこで1792年、ガルバーニは自分の考えをまとめました。ガルバーニの「動物電気説」と呼ばれるものです。ガルバーニによると、電気は蛙の脳髄から発生いたしました。そして、蛙の筋肉はいわば、蓄電器、コンデンサーの役割を果たします。そして、動物電気がここに溜まって、金属がお互いに触れると放電が起こる、とこんなふうに考えたわけですね。放電が起これば、筋肉が痙攣するというわけですね。

さて、このガルバーニが、の発見が引き起こした騒ぎというのは大変なものでした。当時の人の記録によりますと、彼の発見が引き起こした嵐は、同じ時代にヨーロッパの政治の世界に現れた嵐、これはもちろんフランス革命のことですね、これだけと比較できた。蛙のいるところ、二つの金属の欠片の手に入るところでは、何処でも誰もが蛙の足をちょん切っては、それを痙攣させてみた、というわけなんですね。これはもう蛙にとっては、最大の受難時代と言えるでしょう。

さて、同じイタリアの物理学者ボルタも、ガルバーニの発見に大変興味を持つようになりました。彼は、電気の研究で、すでに定評のある物理学者だったんです。で、彼もはじめは動物電位説を取っておりましたけれども、次第に考えを変えました。そして、ほどなく彼は、ガルバーニとは違う考え方を出しました。

ボルタによりますと、電気の発生は、二つの異なる金属が、何か湿った導体、つまりこれはまあいわば蛙なわけですね、それに接する時に起こる一般的な現象である、そして、この電気の源は動物ではなくて、二種類の金属である、したがってこの種の電気は、動物電気というのではなくて、むしろ金属電気と呼ぶべきであって、動物は無関係なんだ、とこういう説を出しました。そしてボルタは、いろいろ研究を重ねまして、この二つの電気[sic]の組み合わせを変えると、起こる電気作用の強さにも違いがでることに気が付きました。そして彼は起こる電気作用の大きさに応じて、金属の順位といったようなものをつけて、それを並べてみたんです。ボルタはこれを「電圧列」と呼びましたけれども、これを見て頂くと、皆さんすぐ気が付かれると思いますが、これは皆さんが学ぶ「イオン化列」に対応するものである、いわばイオン化列の元祖というか、走りであるということがわかると思います。ボルタの時代には、ただイオンといったものの概念もなく、したがって、この電気現象の原理もまったくわかっていなかったんですけれど、彼は正しい事実を掴んだわけですね。

このようにイオン化傾向の、**金属のイオン化傾向**という現象の発見を通じて、まだ充分に議論が成熟していなかった昔においても、化学者が事実を正しくにん、**認識**して、新しい理論が展開されるための、地均しをしていたということがおわかりいただけると思います。

Chemical Story 30 Batteries
Scientists

Guericke, Otto von 1602-1686. Famous for his extensive study of a vacuum in the latter half of the 17th century, he also was the first to generate static electricity by rubbing a lump of sulfur .

Franklin, Benjamin 1706-1790. Among his many achievements in electrical science was his introduction of the terms positive electricity and minus electricity to distinguish the two kinds.

NB. All other scientists in the story were previously introduced.

Japanese and Corresponding English Technical Terms

電池 = battery; 琥珀[コハク] =amber; 樹脂[ジュシ] = resin; ライデン瓶[びん] = Leyden jar;

ボルタの電堆[デンツイ] = Volta's electric pile; 乾[カン]電池 = dry cell;

蓄[チク]電池 = storage battery.

日本語の学術用語の定義

電池 = 普通は化学的な反応によって起電力を発生させる装置をいう；ライデン瓶=
コンデンサーの一種。内外壁に導体として錫箔を貼付したガラス瓶；
乾電池 = 一次電池の電解液を適当な吸収体に吸収させ、取扱いや携帯[ケイタイ]に便利にした
電池；蓄電池 = 外部電源から得た電気的エネルギーを化学的エネルギーの形に
変化して蓄え、必要に応じて、再び起電力として取り出す装置.

単語

凧[たこ] = 細い竹を骨として紙をはり、糸をつけて風力によって空高く揚げる玩具；
携帯[ケイタイ] = たずさえ持つこと。身につけて持つこと；
珍重[チンチョウ] = 珍しいとして大切にすること；過言[カゴン] = 実際以上に
誇張して言うこと；よしんば = かりにそうであっても；せめて = 十分ではないが.

ケミストーリー３０ 「電池」

皆さん、こんにちは。今日のテーマは「電池」です。人間が、どんな風にして、電気をだんだん理解していったか、そういった話から、自然に電池の発明が出てくる過程を、お話することにいたしましょう。

電気の研究が活発になったのは、17世紀の後半です。真空の実験で有名なゲーリケは、硫黄の大きな塊をこすることによって、電気を作り出す発電機を発明いたしました。18世紀になりますと、電気は針金を伝って流れること、それから、電気にはガラスなどをこすってつくられる「ガラス性」の電気と、琥珀などの樹脂をこすって作られる「琥珀性」の電気、この二種類があること、こんなことがわかってまいりました。そしてこの二種類の電気に「正電気」とか「負電気」といった現代的な名前を与えたのは、凧の実験で有名なアメリカの政治家、哲学者、化学者であるベンジャミン・フランクリンです。

さて、この世紀のなかばには、簡単なコンデンサーが発明されました。特にオランダのライデンの化学者が、ガラス瓶に導線を差し込んで作った、いわゆる「ライデン瓶」は、当時の化学実験室の、もっとも重要な装置となりま、**なりまして**、これによって多くの重要な実験がなされました。

ケミストーリーで水素、酸素の発見者として、それぞれ紹介した、キャベンディシュやプリーストリもその仲間です。キャベンディッシュは、水素と酸素を混ぜて、ライデン瓶を使っ

て電気火花を飛ばせて、水を得ました。水が元素ではないということが、これで証明されたわけですね。プリーストリは、酸素と窒素を混ぜて、電気火花を飛ばして、一酸化二窒素―笑気ガス―を作り出した、というお話もいたしました。

　それから前回には、18世紀の末に、イタリアの解剖学者ガルバーニが、蛙の神経や筋肉の研究がきっかけとなって、動物電気の現象を発見し、動物電気説を唱え、そしてそれを受けてボルタの研究が進んで、ついにボルタは、この二種類の金属が非常に重要だ、という説を出したということをお話しましたね。

　で、ボルタは、この二種類の金属、例えば銅とスズの、あるいは亜鉛といったような板の間に、食塩水などで湿した紙や皮を挟んで、それをまた積み上げて、パイルというんでしょうかね、ボルタの電堆を作ったんですね。で、これこそ、人間が始めて作った「電池」なわけです。ボルタの電堆と呼ばれるものですね。

　さて、電池を使いますと、金属の種類やまたその板の大きさ等を、加減することによって、いろいろな強さの電流を得ることができるようになりました。これまでライデン瓶を使って、電気をやっと火花の形で使うことしかできなかった人間が、いろいろな強さの流れの電気を使うことができるようになったのです。ボルタの電堆の発明は1800年、これをきっかけとして人間は、「電気の時代」に入ったわけですね。

　そして、このボルタの電堆を大いに利用したのは、実はイギリスの化学者達でした。同じ1800-年、イギリスのニコルソンとカーライルは、水を電気分解して、もちろんボルタの電堆を使ってですね、水素と酸素を得ました。キャベンディッシュの実験の逆をやってみたわけですね。それから、デービーがロンドンの王立研究所の世界最大の電池を使って、ナトリウムやカリウムを取り出したんだ、そういうお話をいたしましたね。

　さて、このように始めは、電池はもっぱら電気分解のエネルギー源として用いられたんですけれど、19世紀の末に乾電池や蓄電池が工夫されますと、だんだん、これが携帯用の小型のエネルギー源として珍重されるようになりました。今日では、あらゆるところに電池が使われているといっても過言ではありません。人間の身体の中にすら、電池を埋め込む時代です。ですから、もし、よしんば電気そのものがあっても、電池というものがなければ、人間の生活は大変に変わったもの、非常に不便なものになったに違いありません。ですから、結局はこういった非常におお、**多く**の電池が、ボルタの電堆の改良版であると、いうことを考えますと、我々がどんなにボルタに負うているかということがわかります。電圧の単位がボルタである、ボルタの名をとってボルトであるということは、これは、我々のせめてもの感謝の気持ちの現れである、ということができると思います。

Japanese and Corresponding English Technical Terms

円柱[エンチュウ] = a cylinder; 電気化学的二元論 = theory of electrochemical dualism;
融[と]かす = to melt; 融解[ユウカイ]電解 = molten electrolysis; アルミニウム = aluminum.

日本語の学術用語の定義

円柱 = 円柱面と、その母線に交わって互いに平行な2平面との三つによって囲まれた立体;
母船 = 錐面[スイメン]、柱面などのように、直線の移動によって曲面が描かれる時に、
その各位置における直線を、その曲面の母線という; 錐面 = 一定点を通り、かつ、この点を
含まない平面上の1閉曲線の各点を通過する直線群によって生ずる面; 二元論 = ある対象の
考察にあたって二つの根本原理をもって説明する考え方;
融解 = 固体が熱せられて液体となる変化.

単語

欠[か]かす = (多く否定を伴う) おこたる; 小[コ]出し = 多くの物の中から、少しずつ出すこと;
蛇口[ジャぐち] = 水道管などの先に取りつけ、ひねれば水の出るようにした
金属製の口; 駆使[クシ] = 追い使うこと.

ケミストーリー３１ 「電気分解」

　皆さん、こんにちは。今日のテーマは「電気分解」です。電気分解の話に入る前に、電気
の学問がどんなに発達してきて、また電気がどんなに利用されるか、またそのためにはどうい
う条件が必要かということを、ちょっと考えて見ましょう。

　それは簡単ですね。要するに、電気がたくさん手に入らなくてはなりません。そうだといた
しますと、絹や琥珀を作っ**、こすって作る**この摩擦電気、こんな時代には研究がうまく進むはず
もありません。

　18世紀の半ばになりますと、ようやくコンデンサーらしいものが作られました。特にオラ
ンダの化学者が発明したライデン瓶、これは、ガラス瓶に導線を突っ込んだだけの簡単なもの
でしたが、これによって始めて化学者は、電気を蓄えておき、好きな時に利用できるようになっ
たのです。当時の化学実験室にライデン瓶は、欠かすことのできない道具となりました。そし
て、これによって多くの研究がなされましたが、例えば水素の発見者キャベンディッシュは、
水素と酸素の混合物に、このライデン瓶を使って電気火花を飛ばして、水を得ることに成功し
ました。こうして水は元素ではない、ということが証明されたんでしたね。それから酸素の発
見者プリーストリは、酸素と窒素を混ぜて電気火花を飛ばして、一酸化二窒素　笑気ガス　を
得ました。

　しかし、ライデン瓶には大きな欠点があります。それは、放電させると溜まっていた電気
が全部使われてしまう、つまり、電気を小出しにすることができない、ということです。これ
は言ってみれば、バケツの水で手を洗うのに、バケツをひっくり返さなくちゃならないような
ものです。もし、水道の蛇口のようなところから、水を小出しにできればどんなに便利でしょ
う。

1800年にボルタが発明したボルタの電堆、これは例えば銅とスズ、あるいは銀と亜鉛のような二種類の異なる金属の円板の間に、食塩水に浸した紙や皮を挟んで、そしてそれをこう積み上げたものなんですけども、円柱状につまりパイル状に積み上げたから、ボルタの電堆というわけですが、これこそ人間が始めて作り出した正真正銘の「電池」だったんです。これによって電気は、いわば小出しにできるようになったわけですね。

　で、この電池を使っていろいろな仕事をしたのは、むしろイギリスの化学者でした。ボルタが電池を発明したのと同じ1800年に、カーライルとニコルソンは、水にボルタの電堆を使って電流を流して、水素と酸素に分解、いわゆる水の電気分解に成功いたしました。

　しかしこの電気分解の技術を駆使して、すばらしい業績をあげたのは、デービィです。彼は、ナトリウムやカリウムを、この電気分解によって始めて取り出した、ということを前にお話いたしました。しかしこれは、決してやさしい仕事ではありませんでしたし、実際、彼は何べんも何べんも失敗いたしました。最後に、このナトリウムやカリウムを含む「塩」をどろどろに融かして、それに電流を通ずるという、いわゆる「融解電解」という方法をあみ出して、金属を取り出すのに成功したんですね。そして彼はまた、カリウムとか、ナトリウムの他に、マグネシウム、カリウ、**カル**シウム、ストロンチウム、バリウムなどの金属も次々に取り出したのです。

　それではいったいデービィはどういう考えのもとに実験をしたんでしょうか。彼とスエーデンのベルセリウスは、「電気化学的二元論」という考えを持っていました。すべての元素は、電気があまりない「陽性元素」、ナトリウムのようなもの、それから電気をたくさん持っている「陰性元素」、塩素のようなもの、この二種類からなっていますから、その二つが電気的に引き合うと化合物ができるわけです。つまり化学結合というのは、電気的な力によって作られるという考えですね。すでにラボアジエは、「そうだ、酸化ナトリウムは、まだ発見されていない元素と酸素の化合物であるし、酸化カルシウム　ライム　は、同じように一元素と酸素の化合物である」という考えを述べていました。ですから、デービーは、この一元素と酸素が電気的な力で　　引っ張り合っているんですから、そこに強い電流を流してやれば、その結合が断ち切られて新しい元素が取り出される、とこういうふうに考えて実験を進めたわけです。

　で、実際デービーは、この読みの通りの成果を、収めることができたわけですね。で、この融解電解ですけれども、現在でもなお、ナトリウムとかアルミニウムが、いずれもこの融解電解法によって工業的にしかも大規模に作られている、ということを考え合わせますと、デービーの業績というのが、どんなにすばらしいものであるか、ということがおわかりいただけると思います。

Chemical Story 32 Amount of Chemical Change in Electrolysis
Scientists

Faraday, Michael 1791-1867. As a young boy he was apprenticed to a book binder, which gave him the opportunity to read scientific books that he was binding. A patron of the shop took an interest in Faraday and treated him to Davy's lectures at the Royal Institution. His talents came to the attention of Davy, and Davy chose him as his assistant when his previous assisitant resigned. Faraday's talents were recognized and he rose to professor. In considering his electrolysis experiments, Faraday began to wonder what might be the relation between the amount of electric current used and the amount of chemical change produced. His experiments established the two laws that proved to be very important for the successful future of chemistry. Faraday was a superb lecturer and his book, *The Chemistry of a Candle*, a compilation of his popular Christmas lectures for children, remains a renowned classic still today.

Japanese and Corresponding English Technical Terms

電気分解 = electrolysis; 定性[テイセイ]的 = qualitative; 定量[テイリョウ]的 = quantitative.

日本語学術用語の定義

電気分解 = 化合物を水溶液または溶融状態として、これに電極を入れて電流を通じ、両電極で化学変化を起こさせること；定性 = 物質の成分を定めること；定量 = 成分物質の量を定めること.

単語

対[つい] = 二つそろって一組をなすもの;分[ブ] = 1割の10分の1；厘[リン] = 1割の100分の1；打率 = 野球で、安打数を打撃数で割った率；総[ソウ]じて =およそ；側面[ソクメン] = さまざまな性質のうちの、ある面；屈指[クッシ] = 多数の中から特に指を折って数え立てられるほど、すぐれていること；製本[セイホン] = 原稿・印刷物・白紙などを糸・針金・接着剤などで綴[と]じて表紙をつけ、小冊子・書籍などに形づくること；装丁[ソウテイ] = 書物を綴じて表紙などをつけること；徒弟[トテイ] = 西洋中世の手工業で、親方のもとで見習中の者；得意[トクイ] = よく店にくる客；合間 = 仕事と仕事の間の時間に；読み耽[ふけ]る = 夢中になって読む；感銘[カンメイ] = 心に深く感じること；紳士[シンシ]淑女[シュクジョ] = 上流社会の男子と女性；売[う]れっ子 [こ] = その時代にもてはやされる人；漫然[マンゼン] = 心にとめて深く考えず、またはっきりとした目的や意識を持たないさま；克明[コクメイ] = こまかくまごころをこめ、念を入れること；匹敵[ヒッテキ] = 相手としてちょうど同じくらいであること；謙虚[ケンキョ] = ひかえめですなおなこと.

ケミストーリー３２ 「電気分解の化学変化量」

皆さん、こんにちは。今日のテーマは「電気分解の変化量」です。これは、化学の法則の中でも、最も重要なファラディの「電気分解の法則」、流した電気と、それから起こる化学変化の関係をあらわした法則を学ぶ、ということなんですね。

さて、皆さんは、定性的・定量的という対になった言葉を知っていますね。「あのバッターはよく打つぞ」と言えば、これは定性的な表現ですし、「あのバッターの打率は、三割二分八厘だ」とか言えば、これは定量的な表現です。

前回デービーが、いろいろな元素を電気分解によって、取り出したお話をいたしましたが、このデービーの仕事は、総じて定性的なものでした。つまり、どれだけ電気を流せば、どれだけナトリウムが取れるか、といったようなことをデービーは考えもしませんでしたし、また、

64

そんなことが計算できるとも思ってみなかったんです。この電気分解の定量的な側面を法則にまとめたのが、そのデービーの弟子のファラデイなんですね。

　さて、このファラデイは、電気分解の法則をあみ出したわけですけれど、いったい世界屈指の大学者が、本当にびっくりするような環境から生まれてきたというのは、本当に不思議な話なんです。

　ファラデイは1791年に貧しい職人の家に生まれました。階級制度の厳しい当時、彼が大学教育を受けるような望みは全くありませんでした。そこで、彼は、今映っているような製本屋に、徒弟として住み込み始めたんです。当時の製本屋というのは、現在の製本業とはちょっと違っています。その頃、本は「フランス綴[と]じ」といわれるごく簡単な装丁をしただけで売られました。お客さんはそれを買って、製本屋に持っていって、好きなデザイン、好きな材料で製本してもらったんです。そのファラデイが住み込んでいた製本屋には、科学好きのお客さん、**お得意さん**がたくさんいましたので、そういった人が持ち込む科学の本を、ファラデイは、仕事の合間に読み耽っていました。その感心な様子に、大変感銘したお得意の一人は、ファラデイに当時評判であった、デービーの講演の切符をプレゼントしたんです。化学者の講演の切符というと、皆さんは「何だ」と思うかもしれません。しかし、当時のロンドンやヨーロッパでは、紳士淑女が化学の勉強をする、というのが大変な流行でした。したがって、ロンドン一の売れっ子のデービーの講演の切符というのは、とても高い値段であって、お金持ちしか買えなかったんです。

　ファラデイはただ漫然と講義を聞いただけではなく、それを克明にノートを取り、お得意の製本をして立派な本にまとめ、デービーに送り、批評を求め、またできたら自分も王立研究所で働きたいと、希望を述べたのです。残念ながら、その望みはすぐには、かなえられませんでした。しかしまあ、不思議なことがあるもので、デービーの助手が、都合によって辞めることになったんです。後任を考えたデービーは、あのすばらしいノートを送ってきた、ファラデイのことを思い出した、というわけです。

　ファラデイは王立研究所に入って、たちまちその才能を認められ、次第に重要なスタッフとなり、最後には教授となりました。ファラデイは、ニュートンやアインシュタインに匹敵する大学者だ、といわれています。しかし、彼は実は大変に謙虚な人柄でしたし、また少年少女に化学の話を聞かせるということは、その子供達のためだけではなく、化学の発展のためにも大変重要なことだ、と考えていました。王立研究所のクリスマス講演、これがロンドンの名物になりましたし、またそのクリスマス講演の主なものをまとめた、「ロウソクの化学」という本は、今日でもなお、子供のための科学読み物の代表的なものとして、世界中の子供達に読まれているんです。

　さて、私の手もとに新しいイギリスの20ポンド紙幣があります。ファラデイの顔が見えますね。そして、こちらの方には、その王立研究所におけるクリスマス講演の様子も、映っているのが見えるかと思います。大学者とそしてその素晴らしい活動を、紙幣のデザインにできるイギリスは、幸せな国だなあと私は思います。

　さて、ファラデイは、このような環境から素晴らしい世界屈指の大学者になりました。しかし、科学がだんだんと進歩してきて、専門的な教育を受けなければ、学者には、なれにくい現在では、もうこのようなことはたぶん二度と起こらないでしょう。

Chemical Story 33 Organic Compounds
Scientists

Wöhler, Friedrich 1800-1882. He succeeded in making urea, a truly organic compound, from ammonium cyanate, wich he considered an inorganic substance, but that was questionable.

Kolbe, Adolph 1818-1884. He succeeded in making acetic acid from its elements.

Kekulë, Friedrich 1829-1896. He pointed out that isomers were to be expected given the tetravalence of the carbon atom.

Japanese and Corresponding English Technical Terms

有機[ユウキ]化合物 = organic compounds; 無機[ムキ]化合物 = inorganic compounds; 鍵[かぎ]原子 = key atom; 錬金術[レンキンジュツ]師[シ] = alchemist; 砂糖[サトウ] = sugar; 生気[セイキ]説 = vitalism; シアン酸アンモニウム = ammonium cyanate; 尿素[ニョウソ] = urea; 尿[ニョウ] = urine; じん臓[ゾウ] = kidney; 単体[タンタイ] = simple substance (an element); 酢酸[サクサン] = acetic acid; お酢[す] = vinegar; 異性体[イセイタイ] = isomer; 原子価 = valence; ブタン = butane; イソブタン = isobutane; 枝[えだ]別[わか]れ = branching; メチルプロパン = methyl propane; 模型[モケイ] = model; エタノール = ethanol; アルコール = alcohol.

日本語の学術用語の定義

生気説 = 生命現象には物理・化学の法則だけでは説明できない独特な生命の原理があるという説；尿素 = 分子式 $CO(NH_2)_2$、主として哺乳[ホニュウ]動物の尿中に含まれる含窒素化合物；哺乳 = 母乳を飲ませて幼児を育てること；原子価 = 元素の1原子が、直接または間接に、水素原子何個と化合し得るかを表す数.

単語

もっぱら = それを主として；若干[ジャッカン] = 多少；批評[ヒヒョウ] = 物事の善悪・美醜[ビシュウ]などについて評価し論ずること；美醜 = うつくしいこととみにくいこと；批判[ヒハン] = 批評し判定すること；勇[いさ]む = 勢いこむ；混沌[コントン] = 物事の区別・なりゆきのはっきりしないさま.；秩序[チツジョ] = 物事の正しい順序・筋道.

ケミストーリー３３「有機化合物」

皆さん、こんにちは。今日のテーマは「有機化合物」です。有機化合物というのは、炭素化合物、つまり炭素を鍵原子とする化合物のことで、無機化合物とともに、物質界を二分しています。

私は今、物質界を二分するといいましたが、それは必ずしも正確ではありません。現在知られている化合物の数は、一千万以上なんですけれども、その中で有機化合物は900万以上もあるんです。つまり物質の世界の中で、有機化合物が占めている割合がどんなに大きいかがこれでおわかりいただけると思います。

ところが、そんなにたくさんあるんですけれども、有機化合物の研究が始まったのは、そんなに古いことではありません。古代や中世の錬金術師の実験室、今、見ていただいているような実験室で扱われたのは、もっぱら無機化合物だったんです。

どうして有機化合物の研究が、なかなか進まなかったかには、若干心理的な理由もありました。17世紀の化学者達は、物質を有機物と無機物に二つに分けました。生き物から取り出す

ことができるオリーブ油とか砂糖は、有機物ですし、それから生き物に関係のない石とか金属は、無機物でした。そして、生命の助けを借りなければ、有機物を作ることができないんだと考えていたんです。こういう考え方を「生気説」と言いますね。これでは、有機化合物を研究しようという気が起こるはずもありません。

ところが、1828年にドイツの化学者ウエーラーは、無機物と考えられていたシアン酸アンモニウムを加熱して、尿素を作ることに成功しました。尿の中に見いだされる尿素は、どう考えても有機物です。ウエーラーは、先生のベルセーリウスに手紙を書きました。「先生、私は腎臓の助けを借りずに、尿素を作ることに成功しました。」しかし、批評というのは、いろいろできるものですね。「シアン酸アンモニウムが、もしかして有機物かもしれないぞ」と、まあ、そんな批判をする人もいました。しかし、1844年になって、ドイツのコルベは、単体、つまりこれは元素そのものですね、その単体から酢酸を作ることに成功しました。酢酸は、お酢のなかに含まれていますね。で、お酢は発酵で作られると、これはどう考えても有機物です。こうして「生気説」はすたれ、化学者達は、有機化合物の研究に勇んで取り掛かりました。

ところが、やってみるとこの世界はなかなかの難物でした。いろんな困難な点がありましたが、なんといってもやっかいなのは、有機化合物の中には、それを作る原子の、元素の種類、数、これが同じであるにも関わらず、その性質の異なる、つまり「異性体」が存在するからなんですね。これが混乱の大きな元でした。

この混乱を整理するのに大いに貢献したのは、ドイツのケクレです。彼はそれぞれの原子は、原子価というのを持っていて、炭素の場合はその原子価は4であって、その原子価を使って他の炭素や、それから水素とつながる事によって、いろいろな物質を作ることができるんだと、そういう考えを出したんです。「原子価説」ですね。

で、実際、炭素3個、炭素4個、水素10個の組み合わせでは、炭素が一列にならんだブタンと、それから炭素が枝分かれを作っているイソブタン、あるいはメチルプロパンの2種類がありますが、実際にもそのような2種類があるわけですね。

このような考えを持つようになった化学者は、そういったことを実際、模型を使って確かめながら仕事を始めました。今、見ていただいているのは、一番昔に作られた、分子模型です。今のきれいなものと比べると、ずいぶん違いますけれども、これで化学者達はいろんなことを調べたんですね。

さて、私は今、有機化合物が900万以上もあるという話をいたしました。その900万全部調べなくちゃならないとすると、これは大変なことですが、幸いにして、自然の中には、この混沌のなかに秩序があります。その900万以上の化合物も、いくつかのタイプに分類することができ、その代表を調べれば、そのタイプのおよその性質を知ることができます。例えば、エタノールを調べれば、アルコールという一群の化合物のおよその性質を知ることができるわけなんですね。ですから、皆さんも「勇気」をもって有機化合物の勉強に取り掛かってください。

Chemical Story 34 Hydrocarbons
Japanese and Corresponding English Technical Terms

石油[セキユ] = petroleum; 石油コンビナート = a petrochemical complex; 塔[トウ] = a tower;
石油精製[セイセイ]工場 = an oil refinery; 蒸留[ジョウリュウ]塔 = distillation tower; 原油[ゲンユ] =
crude oil; 常圧[ジョウアツ] = ordinary pressure; 製油所[セイユジョ] = a refinery;
大型タンクローリー車 = a large tank lorry; 灯油[トウユ] = kerosene; 経由[ケイユ] = gas oil;
重油[ジュウユ] = fuel oil; ナフサ = naptha; 沸点[フッテン] = boiling point; 留分[リュウブン] = fraction, cut;
トレイ = tray; 脱硫[ダツリュウ] = desulfurization; 硫黄[いオウ] = sulfur; 硫化水素 = hydrogen sulfide;
部分燃焼[ネンショウ] = partial combustion; 硫酸 = sulfuric acid; 蛙[かわず] = frog.

日本語の学術用語の定義

蒸留 = 液体を熱してできた蒸気を冷やして再び液体にし、精製または分離を行うこと；原油=
油井[ユセイ]から汲み上げたままの精製してない石油；油井 = 石油を採取するための
櫓[やぐら]を設けた井戸；灯油 = 原油を蒸留150～280℃で留出する留分；軽油=
重油より軽く灯油より重い石油留分。沸点はセ氏220～350度。ディーゼル機関用燃料や
接触分解ガソリンの製造原料として用いる；重油 = 原油を常圧で蒸留した残油と軽油とを混合して
得る石油製品；ナフサ = 原油を蒸留するとき、ガソリンの沸点範囲である25～200℃で留出する
部分；脱硫 = 物質中の硫黄分または硫黄化合物を除去すること.

単語

取材[シュザイ] = ある物事や事件から作品・記事などの材料を取ること；なじみ = なれ親しんだこと；
見学[ケンガク] = 実地に見て知識を得ること；林立[リンリツ] = 林のように多くの物が並び立つこと；
現場[ゲンば] = 物事が現在行われている、または実際に行われた、その場所；規模[キボ] = 物事のしくみ。
また、しくみの大きさ；加工[カコウ] = 人工を加えること；どろどろ = ひどく泥でよごれているようす；
基[キ] = 塔・機械など、据[そ]えて置くものを数える語；さらっと = 粘り気がないさま；仕[シ]組[く]み =
ものごとのくみたてられ方；需要[ジュヨウ] = 入り用；覗[のぞ]ける = 覗かせる = 外から中の物の一部分
だけが見えるようにする；飴[あめ] = 米から作った甘い食品；粉[こな] = 砕[くだ]けてこまかくなった
もの；手法[シュホウ] = 物を作ったり事を行なったりする際のやり方；行方[ゆくえ] = 進んで行く先.

ケミストーリー３４「炭化水素」

　皆さん、こんにちは。私はいつも、このスタジオのおなじみの分子模型のパネルの前で、皆さんに
お話しをしてきました。しかし、私もたまには外へ出て、いわゆる取材なるものをしてみたいな、と思っ
ておりました。幸いにして、今日はその願いがかなって、皆さんに取材の結果を見ていただけます。皆
さんも一緒に楽しんでください。

　皆さん、こんにちは。今日のテーマは「炭化水素」です。炭化水素は、炭素と水素の化合物ですね。
そして、炭化水素といえばこれは石油です。石油は複雑な炭化水素の混合物なんです。今日は岡山県倉
敷市の水島石油コンビナートをおたずねして、その複雑な混合物の石油から、炭化水素がどのようにし
て取り出されていくかを見学することにいたしましょう。

　皆さん見てください。この複雑なパイプの組み合わせ、そして大きなタンク、そして林立する塔、
これが石油精製工場のハートの部分とも言える、蒸留塔とその周りの様子です。この中でいったいどん
なことが行われているのか、現場の責任者の方にお話しを伺ってみましょう。

「それじゃあお願いいたします。この蒸留塔では、どんなことが、どんな規模で行われているんでしょ
うか」

「地下からくみ上げられまして、何も加工していない、このどろどろしたものが原油でして、これをま
ず最初にこの常圧蒸留塔で処理します。この精油所には、同じような規模の常圧蒸留塔が2基ありまして、
一日に約20万バーレル、大型タンクローリー車にたとえますと、約2300台分が処理できます。それで、
この装置でガソリンや灯油、軽油、重油など大きく７つの成分に分けられます。」

「今、こちらが、このナフサというのが、この塔から出てきたものになるわけですね」

「はい、これはあの、自動車用ガソリンの原料となりますナフサ、原油のなかでも沸点が比較的低い留分です。」

「はい、このどろどろした黒いものから、白いさらっとしたものがとれる、その蒸留塔の仕組みというのは、どんな風になっているわけなんでしょうか」

「蒸留塔の中には、トレイと呼ばれます棚が、たくさん組み込まれております。原油は約350℃に熱せられまして、蒸留塔の下部に供給されます。重油留分は塔底から抜き出されますが」

「下からですね。」

「はい、重油留分以外の軽い留分は、蒸気となって、蒸留塔の中の棚を通っていくうちに冷却されまして、沸点の高い成分」

「なるほどね。」

「すなわち、軽油留分、灯油留分、といった順に凝縮していきまして、各留分に分けられていきます。」

「まあ、需要という点からいうと、やはり自動車の燃料になるガソリン、これが一番大きいかと予想されますけれども、原油からガソリンになるようなものが、どれくらいとれるのでしょうか。」

「原油の種類によっても変わりますけれども、だいたい15%程度とれます。」

「ああ、そうですか。それにしても蒸留塔の中、こう、そとから見るだけでは様子がわからないんですけど、どっかちょっと中を覗けるような所っていうのはありませんでしょうか。」

「それではご案内しましょう。」

「ああ、そうですか」

「これは石油の精製装置の一部なんですけれど、その流れの中を覗けるようになっているということです。何が見せていただけるのでしょうか。」

「これは、石油の脱硫処理によって得られます硫黄です。」

「ああ、これが、この飴のように流れているのが硫黄ですか。」

「はい」

「確かに黄色い粉が見えて、うあ、鉄の棒の先もどんどん冷えて硫黄が出てきました。ああ、すごい量ですね。そうですか。これが石油の中に含まれているというわけですね。」

「原油の中には、いろいろな硫黄化合物が含まれておりまして、最終製品とするためには、これらの硫黄化合物を取り除いてやる必要があります。」

「化合物の形から硫黄にするには、何か化学的な手法が必要だと思いますが。」

「石油精製では、石油中の硫黄化合物を硫化水素の形にして取り除く、というのが一般的な脱硫方法です。」

「そうですか。」

「硫化水素は、そのままでは有毒なガスですので、それを部分燃焼すなわち酸化することによりまして、このように硫黄を単体として回収し、無害化するわけです。」

「なるほど。そうしますと、これは単に分離をするというだけでなくて、化学反応を伴う複雑な工程になるわけですが、これはもう世界的にもやられていることなんですか。」

「ええ、世界的に行われておりますが、特に日本の場合は、技術的に高いレベルにあると思います。」

「そうですか。ところでこの、硫黄の行方、これはどうなるんでしょうか。」

「ええ、これは硫酸などの製造原料としまして、化学会社に出荷しております。」

「なるほど。」

「脱硫装置から出てまいります硫黄の量は、日本全体としましては、年間約100万トンにも達しています。」

いかがでしたか。文字通り、「百聞は一見にしかず」という感じがしますね。私、スタジオの中の蛙[1]もひさしぶりに外に出てよかったなと思っています。

69

Chemical Story 35 Alcohols and Aldehydes
Japanese and Corresponding English Technical Terms

蜂蜜[はちミツ] = honey; なつめやし = a date palm; 蒸留[ジョウリュウ] = distillation; 発酵[ハッコウ] = fermentation; 濾過[ロカ] = filtration; 揮発[キハツ]性 = volatile; 蛇管[ジャカン] = coil; ｎ－プオピルアルコール = n-propyl alchohol; イソプロピル アルコール = isopropyl alchohol; 官能[カンノウ]基 = functional group; 同族体 = homologue; 枝[えだ]別[わか]れ = branch; 第一級[イッキュウ] = primary; プロピオンアルデヒド = propionic aldehyde; アセトン = acetone; ケトン = ketone; フェーリング反応 = the Fehling reaction.

日本語の学術用語の定義

発酵 = 一般に、酵母・細菌などの微生物が、有機化合物を分解してアルコール・有機酸・炭酸ガスなどを生ずる過程；濾過 = 水その他の溶液をこして混じり物を除くこと；蛇管 = 吸熱・放熱の面積を大きくするために螺旋らせん状になっている管；官能基= 有機化合物の分子構造の中にあって、同族体に共通に含まれ、かつ同族体に共通な反応性の要因となる原子団または結合形式；同族体 = 有機化合物のうち、分子式中の炭素数の増加とともに物理的性質が規則的に変化するが、化学的性質は互いに類似している一群の化合物.

単語

農耕[ノウコウ] = 田畑を耕すこと；醸造[ジョウゾウ] = 発酵作用を応用して、酒類・醤油[ショウユ]・味噌[ミソ]・味醂[ミリン]などをつくること；大げさ = 実際より誇張して言うこと；足並[な]みを揃[そろ]える= 考えや行動を揃える；ちなむ = ある関係によってある事をなす；粗悪[ソアク] = 粗末で質の悪いこと；不老[フロウ]不死[フシ] = いつまでも老いもせず死ぬこともないこと；至理[シリ]= 至極もっともな道理.

ケミストーリー３５ 「アルコールとアルデヒド」

　皆さん、こんにちは。今日のテーマは「アルコールとアルデヒド」です。しかし、まあやっぱり私の好きなアルコールの話の方をしたいですね。さて、酒は長い間、人間の友達でした。一番最初に作られたのは、蜂蜜酒とか、なつめやし酒だったんですけれども、農耕時代に入ると、ぶどう酒とかビールが盛んに飲まれるようになってきました。

　さて、酒は作り方によって、醸造酒と蒸留酒の二種類に大別されます。例えば日本酒は米をアルコール発酵させて、濾過しただけの醸造酒です。それに対してウィスキーは、大麦とかとうもろこしをアルコール発酵させ、それを蒸留して取り出します。ですから、この濾過とか蒸留といった、化学実験に非常にかかわりの深い技術が、酒造りには使われるわけですね。大げさに言えば、酒造りの技術と化学技術の発展は、足並みを揃えていた、ということができます。

　それではその蒸留ですが、アラビア人達が、一番最初に酒造りにちなんで、関係して、蒸留しようとして、いろいろな装置を工夫いたしました。今、見ていただいている図がそうですが、ただ当時のガラスは非常に粗悪だったので、ちょっと加熱するとすぐ壊れてしまう、というわけで、いい蒸留はできませんでした。彼らはいろんなものを蒸留して、その中から、<u>揮発</u>の、**揮発性**の成分、彼らが「精」「セイ」あるいは「エキス」と呼んだものを取り出し、**取り出し**たいと思ったんですね。そういったものは、きっと水銀を金に換えたり、あるいは人間に不老不死の力を与えると、そんな期待があったからなんです。

70

さて化学技術がだんだん進歩してまいりました。11世紀くらいになりますと、だんだんいいガラスがとれます。特に良質のガラスがつくられたイタリアでは、コンデンサーの、**コンデンサーつまり熱い蒸気を、水でもって冷やす、そうしてこのエキスを取り出す、というそういう工夫がなされるようになりました。

　で、あのコンデンサーは、現在実験室で使われているコンデンサーですね。これが、この蛇管の中を冷たい水が通り、その外側を熱い蒸気が、流れることによって、**通ることによって、**蒸気が冷やされて液体になるという、そういう現在のコンデンサーの原型であることがおわかりいただけますし、またこういうコンデンサーは、石油精製工場などでも使われているわけですね。

　さて、そういったことからわかりますように、アルコールの蒸留というのが、化学技術の一つの、このなんていうんでしょうか、至理になっていた、ということがおわかりいただけると思います。非常に濃いアルコールが、蒸留によって作られるようになりますと、それは、燃えたりするので、火の水と呼ばれたり、また大変に人間を元気づけるので、生命の水などというふうに、呼ばれたこともありました。

　さて、前回には、異性体というものがあって、同じ種類と数の原子でつくられながらも、性質の異なる二つの物質があることを、お話しました。ブタンとイソブタン、これは、どちらも気体ですし、その沸点にも大差がありません。ですから、昔の技術では、この、**これを二つ**に分けることは大変難しかったし、実は今でも高等学校の実験装置でこれを分けるということは、ほとんど不可能です。

　しかし、アルコールになると、話は違います。例えば、炭素の数が三つのnープオピルアルコール、そしてイソプロピルアルコールこれには、ヒドロキシル基、OHですね。こういう官能基と呼ばれているものがあるために、この二つを区別することができるんです。これは、枝分かれの仕方が違うことがわかりますね。もちろん、この二つはともにアルコールです。ですから、例えばナトリウムを加えると、ともに水素が発生するという、共通の性質があります。

　ですから、この二つを区別するためには、別の実験を考える必要があります。nープロピルアルコールは、第一級アルコールですから、これを酸化するとプロピオンアルデヒド、つまりアルデヒドになりますし、イソプロピルアルコールは、これを酸化すると、アセトンつまりケトンになります。これらはアルデヒド基、ケトン基、という異なる官能基を持つものですから、高等学校でも容易に区別することができます。例えば、有名なフェーリング反応をすれば、この二つを区別することができるわけですね。

　さて、このアルコールの二種類といったような実験事実が、だんだん積み上がっていきますと、化学者達は、「なるほど、物質というものは原子で作られていて、その原子のつながり方が違うと、その性質も違ってくるのだな」ということを本当に納得するようになりました。今から百数十年前のことなわけです。

　さて、今アルコールのお話をしてきましたけれども、このアルコールは昔から人類の友でありましたし、また化学の発展にも非常に大きな貢献をしたわけですから、これからもわれわれは、アルコールと仲良く付き合っていかなければならないと思います。

Chemical Story 36 Caboxylic Acids and Esters
Japanese and Corresponding English Technical Terms

酪酸[ラクサン] = butyric acid; グリセリンエステル = glycerol ester; ヘキサン酸 = hexanic acid; ペンチルアルコール = pentyl alcohol; アンズ = apricots; 西洋梨[なし] = pears; 桃[もも] = peaches; フーゼル油 = fusel oil; 油脂[ユシ] = fats; 高級脂肪[シボウ]酸 = higher fatty acids; パルミチン酸 = palmitic acid; オレイン酸 = oleic acid; 生[セイ]合成[ゴウセイ] = biosynthesis; 肥料[ヒリョウ] = fertilizer; 酵素[コウソ] = enzyme; 醋酸エチル = ethyl acetate; 感覚[カンカク]細胞[サイボウ] = sensory cell; 水素結合= hydrogen bond.

日本語の学術用語の定義

油脂＝高級脂肪酸のグリセリン‐エステル。常温で固形をなす脂肪と、液状をなす脂肪油とに分ける。動植物界に広く分布。牛脂・豚脂・オリーブ油・大豆油の類；高級脂肪酸＝炭素数の多い脂肪酸の総称。通常は炭素数12以上のものを指す；生合成＝生物体または細胞内で行われる、同化による有機物質の合成。化学合成に対していう；肥料＝土地の生産力を維持増進し作物の生長を促進させるため、普通は耕土に施す物質；酵素＝生体内で営まれる化学反応に触媒として作用する高分子物質；感覚細胞＝一定の種類の刺激を受容して、細胞膜に活動電位が発生するように特殊化した細胞；水素結合＝酸素・窒素・弗素のような電気陰性度の大きい原子2個の間に水素原子が介在することによりできる結合。普通の化学結合より弱いが、分子間力による結合より強い.

単語

偶数[グウスウ]＝2で割り切れる整数;奇数[キスウ]＝2で割り切れない整数;繰[く]り返[かえ]す＝同じことを何回もする;くっつく＝つき従う;風呂[フロ]桶[おけ]＝風呂場で用いる小さな桶;詳細[ショウサイ]＝くわしくこまかいこと.

ケミストーリー３６ 「カルボン酸とエステル」

　皆さん、こんにちは。今日のテーマは「カルボン酸とエステル」です。カルボン酸やエステルは、いろいろな形で自然界に存在していますね。

　もちろん、一番ありふれたものは酢酸です。アルコールが発酵すれば、酢酸になってしまうからですね。炭素の数が四つの酪酸も、比較的ありふれたカルボン酸です。このグリセリンエステルは、バターの中に数パーセント含まれています。炭素の数が六つのヘキサン酸などもあります。

　で、さっきのこの炭素の数が四つの酪酸は、エステルの形でも自然界に存在しています。炭素の数が五つのペンチルアルコールとのエステルは、アンズや西洋梨の匂いのもとですし、またエチルアルコールとのエステルは、桃やパイナップルの香りです。それから、ここには出ておりませんけれども、炭素の数が六つのカルボン酸、さっきも表で見ましたね、あれは、フーゼル油という油の中にも含まれていますし、またそのエステルはブドウの香りの成分なんです。

　それからまた、これは次の回にお話いたしますけれども、「油脂」と呼ばれる自然界に大量に存在する物質、これは高級脂肪酸、つまり炭素が鎖になって繋[つな]がったカルボン酸と、それからグリセリンのエステルなんですけれども、その油脂を作っている脂肪酸、パルミチン酸とか、オレイン酸とかいろいろ載[の]ってますけれども、これ全部炭素の数が16とか18、やは

り偶数のカルボン酸なんですね。そうだといたしますと、こういう疑問が生じます。そもそも、炭素の数が三個とか五個のつまり奇数のカルボン酸というものは、あるのだろうか、ということですね。で、もしそういうものがなくて、すべてのカルボン酸が偶数であるとすると、いったいそれはなぜなんだろうか。まあ、偶然にしては、話がうますぎますから、何かきっとちゃんとした訳があるに違いありません。

　それは、こういうふうに説明できます。この自然界に存在するカルボン酸は、すべてこの酢酸から作られるんですね。それも生体の中で「生合成」と呼ばれる仕組みの中で作られます。つまり、この例えば、さきほどの酪酸というものは、たとえば肥料の中に含まれていて、それを生体が取り込むというのではなくて、酢酸から身体の中で作る、という意味ですね。で、その仕組みはこんなふうです。酵素の働きで二分子の酢酸が結びついて、炭素の数が四つのカルボン酸になります。これ自身は、もちろんまだ酪酸ではありませんけれども、酵素の働きがさらに繰り返されると、酪酸になるわけですね。一方、この状態のままでさらに酢酸が一分子、やはり酵素の働きでくっつきますと、炭素の数が六つのカルボン酸の、まあいわば、もとができるわけです。で、こういう操作をずっと繰り返されるということを考えれば、自然界に存在するカルボン酸の炭素の数が、すべて偶数であるということが説明できるわけですね。

　さて、さきほどいろいろなエステルが、匂いのもとになるというお話をいたしましたが、じゃあいったいなぜ、このエステルといったようなものが、匂いのもとになるんでしょうか。

　で、匂い、皆さんがアンズならアンズに匂いを感じるためには、その匂いのもとになる分子が、皆さんの鼻のところまで来なくてはなりません。ということは、この匂いのもとになる分子は、比較的揮発しやすい、つまり沸点が低いということが予測されます。実際、同じ炭素の数の化合物と比較いたしましても、エステルである酢酸エチルと、それからカルボン酸そのものでは、沸点がずいぶん違うということに気づきますね。このように分子量に比べて、沸点が比較的低いというのは、エステルの共通の性質です。ですからエステルが匂いのもとになるわけです。

　さて、その皆さんの鼻に届いた、匂いのもとになるエステルは、その皆さんの鼻の穴の中にある感覚細胞、モデル的にこんな風呂桶みたいな形に描きましたが、その感覚細胞に入って、これはちょうど上から見たところですが、こんなふうに入り込む、あるいは、横から見ると、やはりこんなふうに入り込む、というわけなんですね。で、この穴と分子とは水素結合などで結びついていると考えられています。

　ま、こういったことがきっかけになって、匂いの感覚が生じるわけですけれど、実はまだ本当の詳しい詳細が全部わかっているというわけではありません。研究テーマとしては、大変に刺激的でおもしろい問題だなという気がいたしますね。

Chemical Story 37 Oils & Fats and Soaps
Scientists

Archimedes 287 B.C.- 212B.C. He is said to have discovered the principle of buoyancy while in a public bath and overjoyed raced naked through the streets shouting "I have discovered it."

Diderot, Denis 1713-1784. Best remembered as the editor of the *Encyclopédie*.

D'Alembert, Jean 1717- 1783. In addition to his many articles for the *Encyclopédie*, he also assisted Diderot with the editing.

Scheele, Carl 1742-1786. Scheele, famed for his discovery of oxygen, also discovered glycerol but its significance with regard to fats was not yet understood.

Chevreul,, Michel 1786-1889. He discovered that reacting a fat with an alkali yields a soap and glycerol and that adding an acid to a soap yields an acidic substance. Thus, he established that fats were a compound of an acidic substance, fatty acids, and glycerol. He discovered a good number of fatty acids, stearic acid and oleic acid among them.

Japanese and Corresponding English Technical Terms

油脂[ユシ] = oils & fats; 衛生[エイセイ] = hygiene; あく = lye; 灰[はい] = ashes; 「百科全書」= *Encyclopédie*; 脂肪[シボウ] = fats; ステアリン酸 = stearic acid; おレイン酸 = oleic acid.

日本語学術用語の定義

衛生 = 健康の保全・増進をはかり、疾病[シッペイ]の予防・治療につとめること；疾病 = 身体の諸機能の障害。健康でない異常状態。病気；脂肪 = 油脂のうち、常温で固体のもの.

単語

営[いとな]む = 物事をする；裸[はだか] = 衣服を脱ぎ、全身の肌のあらわれていること；貴重[キチョウ] = きわめて大切なこと；化粧[ケショウ] = 紅・白粉[おしろい]などをつけて顔をよそおい飾ること；公衆[コウシュウ] = 社会一般の人々；浴場[ヨクジョウ] = ふろば；上[うわ]澄[ず]み = 液体の中の溶解しない物質が下に沈んで上方にできる澄[す]んだ部分；手[て]慣[な]れる = なれてうまくできる；技師[ギシ] = 専門技術を職業とする人；長寿[チョウジュ] = 寿命の長いこと；寿命[ジュミョウ] = 命のある間の長さ；あやかる = まねをする.

ケミストーリー３７ 「油脂とセッケン」

　皆さん、こんにちは。今日のテーマは「油脂とセッケン」です。セッケンは、人間が衛生的な生活を営むためには、欠かすことのできない物質ですね。また、セッケンは、典型的な化学製品ということができます。エタノールとか、酢酸、こういったものは自然の営みによって作られます。しかし、セッケンを作るためにはどうしても人間の手が必要です。そういう意味で、代表的な化学製品と申し上げたわけですね。

　セッケンはメソポタニアとかエジプトの時代からも使われていたようですけれども、当時は大変に貴重で、これは化粧品[化粧用セッケン]というよりもむしろ薬のように使われていたようです。また、ギリシャ人やローマ人達が大変風呂好きだった、ということは皆さんも知っていますね。有名なエピソードがあります。アルキメデスはお風呂に入っているときに、今、見ていただいているのは、そのアルキメデスですが、有名な「アルキメデスの原理」を発見して、うれしさのあまり「見つけたぞ」と叫んで、裸のまま町へ飛び出していった、という話がありますね。

ローマには今でも「カラカラ浴場」という、大きな公衆浴場が残っていて、夏には音楽会などが開かれていて、観光客を楽しませます。そのすごい規模から、当時のローマ人がどんなに風呂好きであったか、ということがうかがわれます。

　さて、セッケンが大量に作られ、消費されるようになったのは、12世紀以後と呼ば、**言わ**れています。で、最初は、動物性の油が使われましたので、大変に匂いの悪いものだったようですが、そのうちに植物性のオリーブ油などが、使われ、**使われる**ようになって、匂いの問題は解決いたしました。で、製法は比較的簡単で、油脂にあく、つまり灰に水を加えてその上澄みをとったもの、これを加えて混ぜる、というだけの簡単なものでした。

　で、今見ていただいていますのは、18世紀の半ばにできました有名な「百科全書」、あの哲学者のディドロやダランベール達が編集した「百科全書」のセッケン工場、セッケンの製造法の記事の挿絵です。こうやって手でかき混ぜるという大変に素朴な方法をとっていて、現代の工場とはもちろん比べものになりませんけれども、ともかくも、セッケンを作るという仕事が、人間にとって昔から大変に手馴れた仕事であったということがわかります。

　さて、有機化学が次第に発展してまいりますと、このセッケンというのはいったい何者であろうか、というようなことについての関心も次第に高まってまいりました。実際には、18世紀の末に、酸素などの発見で名高いシェーレがグリセリンを発見していたんですけれども、これとこの油脂との関係は、実はまだわからないままでした。

　ところが、19世紀の始めになりまして、フランスの化学者のシュブルールという人が、脂肪にアルカリを加えるとセッケンとグリセリンになる、ということを見つけました。さらにセッケンに酸を加えると、酸性物質と、**酸性物質が**得られるということがわかりました。そういうことからすれば、脂肪はその酸性物質とグリセリンとの化合物ということになるわけですね。この酸性物質というのは、ずっと前回からおいただしていた脂肪酸に他ならないわけですが、シュブルールはこの脂肪酸をいくつも発見しました。パルミチン酸とかあるいはオレイン酸といったようなものは、このシュブルールによって発見されたものです。

　で、このシュブルールの研究は、実用的にも大変に価値のあるものでした。それまで、セッケンの正体がわかっていませんでしたから、技師達は、いわば当てずっぽうにセッケンの品質を改良しようとしたわけです。いまやセッケンの組成が分かったわけですから、どういうふうにすればいいセッケンが得られるかという、一つの手がかりが得られたわけですね。ところで、このシュブルールという人は103歳という、大変な長寿をまっとうした人なんですけれども、しかもさらに驚くべきことに、そのほとんど死の直前まで、研究生活を送っていたというんです。彼が最後に書いた論文は、97歳の時のものだといいますし、また大学にもその頃まで勤めていたということです。私もあやかりたいなと思いますけれども、これはまたちょっと真似できそうにもないなという気もいたします。

Chemical Story 38 Benzene and Phenol
Scientists
Faraday, Michael 1791-1867.Asked to solve why pipes carrying coal gas to street lamps clogged with a liquid, he discovered it was a previously unknown chemical that condensed in the cool evening air.
Kekulê, Friedrich 1829-1896. He conceived the structure of the benzene atom as a ring. He is said to have received the insight in a dream where he saw a snake biting its tail.

Japanese and Corresponding English Technical Terms
ベンゼン = benzene; フェノール = phenol; 芳香族[ホウコウゾク]化合物= aromatics; ベンゼン環[カン] = benzene ring; 亀[かめ] = a turtle; 石炭ガス = coal gas; 乾留[カンリュウ] = dry distillation; 原子価 = valence; 製鉄業[セイテツギョウ] = iron manufacturing industry; コークス = coke; 副生物[フクセイブツ] = by-product; コールタール = coal tar.

日本語学術用語の定義
芳香族化合物 = ベンゼン環およびそれが縮合した環をもつ有機化合物の総称；石炭ガス = 石炭を密閉容器中で加熱するときに発する、メタン・水素を主成分とする可燃性の気体；乾留 = 空気を遮断[シャダン]して固体有機物を加熱分解し、揮発分を冷却・回収する操作；遮断 = さえぎり断つこと。ふさぎとどめること；原子価 = 元素の1原子が、直接または間接に、水素原子何個と化合し得るかを表す数.

単語
サンザン[散々] = ひどくみじめなさま；街路[ガイロ] = 市街の道路；照明[ショウメイ] = 光で照らして、明るくすること；フト = 思い掛けなく；環[わ] = 円形；持て余[あま]す = 処置に困る。取扱いに苦しむ；手品[てじな] = 種々のしかけで人の目をくらまし、不思議なことをして見せるもの；辟易[ヘキエキ] = 驚き怖れて立ち退くこと.

ケミストーリー３８「ベンゼンとフェノール」

皆さん、こんにちは。今日のテーマは「ベンゼンとフェノール」です。ベンゼンもフェノールもどちらも芳香族化合物の一種ですね。芳香族化合物というのは、ベンゼン環を持つ化合物というふうにも定義できます。

ところで、そのベンゼン環は、昔から「亀の子」あるいは「亀の甲」などと呼ばれていますね。確かによく似ているとは思いませんか。しかし、この複雑な構造が有機化学を学び始めた高校生を、さんざんに悩ませているということも事実のようです。

では、このベンゼンをはじめとする芳香族化合物というのは、いつ頃から知られるようになったのでしょうか。実はこのベンゼンを発見したのは、これまでもっぱら電気分解とか電気のことに付い、**関連して**お話した、あのファラディなんですね。で、それは、1825年のことでした。

当時ロンドンでは、ようやく商業ベースによる街路の照明、ガス、**石炭ガス**による街路の照明が始まった頃でした。で、このガス発生工場からパイプを、**によって**、石炭ガスが街路燈[トウ]にまで送られるわけですが、その両者をつなぐパイプが、なにか液体によって詰まってしまうというトラブルが発生したのです。

王立研究所にいたファラディは、このトラブルを解決してほしいと頼まれました。ファラディがいろいろ調べたところ、この液体は、まだ今まで知られていなかった未知の物質であって、それは実は石炭の中に含まれている、そして石炭から石炭ガスを作り出す作業、乾留とい

いますね、要するに石炭を蒸し焼きにする作業、その時に石炭ガスもでるんですが、その時にこの液体も一緒に蒸気となって出てくる、そして、このパイプに一緒に送られるわけですが、ロンドンの冷たい空気にパイプが触れると、その液体が凝縮してしまって、パイプをつまらせたと、こういうわけだったんですね。

　ま、このようにしてベンゼンが発見されたんですけれども、ベンゼンが化学的にどういう構造を持っているのか、ということは、そのファラディの時代にはまだわかりませんでした。といいますのも、その鍵[かぎ]になる原子価の理論が出たのは、それから25年も後の1850年のことだったんですね。

　さて、その原子価の理論が出てみると、ベンゼンの構造についての関心は当然高まるわけです。そのころは、すでにベンゼン、これが炭素6個と水素6個からできているということがわかっていましたから、問題は、それを炭素の原子価4を満たすように、どういうふうに配列すればよいかということになります。多くの化学者は、炭素を鎖、**鎖状**に並べてみました。しかしどんなに工夫しても炭素の原子価4を満たすことができないのです。どうもこのやり方はうまくないということがわかりました。何か全く新しい考え方が必要になります。それは、炭素を環につなぐことでした。

　この考えは、まさにその炭素の原子価の概念を出した、ケクレによって始めて提案されました。1865年のことです。ケクレはこのベンゼンの構造の問題に長い間関わっていました。そしてある日、ふと夢の中に、**夢の中で**、蛇が自分の尻尾を嚙むのを見て、このベンゼンに、この環の構造を割り当てることを思いついたのです。ま、これは偶然かな、ラッキーかなという人もいますけれども、しかし、ケクレが日夜ベンゼンの構造について考えていたからこそ、ちょっとしたきっかけが大発見に結びついたと考えるべきでしょうね。

　さて、このケクレの頃、ようやく製鉄業が大規模に行われるようになっております。で、それもコークスを大量に使う製鉄業ですね。そういたしますと、コークスというのは石炭を乾留して作るわけですから、その副生物として大量のコールタールがでてくるわけです。コールタールをなんとかうまく利用できないだろうかと、多くの化学工業会社が工夫いたしました。当時はようやく有機化学工業つまり有機化合物をつくる工、**化学工業**が盛んになってきた時代なわけですから、この世界中の持て余しものになっていたコールタール、これをうまく利用する方法を見つけた会社が、化学工業を制する、ということになるわけで、皆、大変に熱心に研究をしたわけです。

　実際にこのコールタールから、薬品とか染料とかさまざまなものが、手品のように取り出されるようになったわけですね。こういったことで、1850年から1950年くらいまでの一世紀は、この原料という面でも、それからまた、エネルギー源、燃料という意味でも、石炭の時代、文字通り「石炭の時代」だったわけです。

　しかし1950年以降、時代は変わりましたね。皆さんもよく知っているように現在は、原料、そしてエネルギー源その両方をみても、やはりこの石油が主役であるということは間違いありません。現在は、「石油の時代」だということができます。しかし、そうだからといって、ベンゼンやフェノールの重要性、芳香族化合物の重要性が減ったわけではちっともありません。高等学校の教科書をみればわかりますね。脂肪族化合物と芳香族化合物が同じ割合で扱われているわけです。ですから、皆さんも亀の子などと、辟易しないで有機化学に一生懸命エネルギーを注いで欲しいと思います。

Scientists

Fischer, Emil 1852-1919. He sought to clarify the structures of natural organic compounds and to synthesize them. His discovery that reacting monosaccharides with phenyl hydrazine changed them into easily crystallized substances greatly aided his continuing research on the structure of sugars. His work on optical isomers served to confirm Van't Hoff's theory of the role of the tetrahedral carbon atom. For his many achievements, he was awarded the Nobel Prize in 1902.

Unfortunately, towards the end of his life, he suffered many misfortunes:declining health due to the toxicity of phenyl hydrazine and other toxic chemicals--attention to possible toxicity of chemicals was not a priority at that time; his wife predeceased him, leaving him to care for their three sons, two of whom were killed in the World War. Thus, declining health and family tragedy became unbearable, and he chose to take his own life.

Van't Hoff, Jacobus 1852-1911. He proposed an explanation of optical isomerism in terms of the carbon atom's tetrahedral sructure, namely, that four different atoms or groups of atoms attached to the four apexes resulted in two configurations --mirror images of each other.

Japanese and Corresponding English Technical Terms

糖類[トウルイ] = saccharides; ショ糖 = cane sugar; 砂糖[サトウ] = sugar; 炭水化物 = carbohydrates; グラニュー糖 = granular sugar; 単[タン]糖類 = monosaccharides; フェニルヒドラジン = phenyl hydrazine; オサゾン = osazone; 一対 [イッツイ] = a pair; 工学異性体 = optical isomers; 正四面体[セイシメンタイ] = tetrahedron; ブドウ糖 = grape sugar; グルコース = glucose; ４乗[ジョウ] = 4th power; 分子式 = molecular formula; 示性[シセイ]式 = rational formula; 不斉[フセイ]炭素 = asymmetric carbon.

ケミストーリー３９ 「糖類」

　皆さん、こんにちは。今日のテーマは「糖類」です。「ショ糖」まあこれは、日常生活では砂糖ですね。これに代表される糖類や炭水化物は、人間にとって最も身近な物質と言えます。しかしながら、その正体が明らかになったのは、他の有機化合物と同じように19世紀の終わりくらいになってからなんですね。

　さて、皆さんが普段見かけるこの糖類というのは、例えばグラニュー糖、非常にきれいな結晶をしていますね。ですから何か割り と= 割合に]取り扱いがやさしそうに見えるかもしれません。ところが実際はそうではありません。糖類っていうのは水によく溶けますね。で、この他にいろいろなものが水に溶けている、そういう状態で、糖類の水溶液から糖類を取り出す、**純粋な形で取り出すの**は、実は大変難しいんです。で、そのために糖類の研究の発展が、かなり手間取ったと言うことすらできるんです。

　さて、ドイツの化学者フィッシャーは、この糖類に始まる天然に存在する多くの有機化合物の構造や合成を、テーマにした人です。彼は、この糖類の研究において、その一番もとになる炭素の数が5個あるいは6個からなる、いわゆる「短糖類」と呼ばれる物質に、これも自分の研究の中で見い出した、フェニルヒドラジンという物質を反応させてみました。そうしますと、オサゾンと呼ばれる非常にきれいな結晶が得られることがわかったんです。フェニルヒドラジンは液体、そして糖は白い無色の結晶、

で、これはきれいな黄色ですから、**の結晶ですから**、非常にはっきりしていますね。で、これによって、これまで扱いにくかった少量の糖類も、扱いやすい結晶、**として**使えるようになりました。その上おもしろいことに、このできたオサゾンは、糖によってある時には同じものができ、ある時には違うものができたんです。ですから、これは糖類の構造の中に、共通の部分があるということの証明になり、結局、糖の構造を決めるのに大変に役立ったんですね。

ところで糖類には、非常におもしろい現象が見い出されました。それは、分子式あるいは示性式、つまり炭素の、**等の**、原子の並び方がまったく同じであるにも関わらず、光に対する性質が異なる一対の「光学異性体」と呼ばれるものがあるという現象なんです。フィッシャーは、これを、炭素の、**ファント・ホッフの炭素の**正四面体説で説明しました。炭素の４つの原子価は、生四面体を作るようにこのように出ていますね。で、その４つの原子価を、今この模型で見えるように、**見られるように**、それぞれ異なる原子、あるいは原子のグループがくっつきますと、物とそれが鏡にうつった像、あるいは左手と右手の関係、つまりよく似ているけれども、お互いにどうしても重ね合わせることができない一対の光学異性体と呼ばれるものができます。で、このように考えてみますと、ぶどう、**例えばブドウ糖**、グルコースには４つのこの種類の炭素、不斉炭素といいますね、があります。ですから、このグルコースの異性体の数は、それぞれの不斉炭素に２個ですから、２の４乗つまり１６種類あることになります。フィッシャーは、その多くを合成したり、あるいは天然から取り出して、自分そしてファント・ホッフの考え方の正しいことを証明しました。つまり、彼の仕事は糖の構造を決めたというだけではなくて、正四面体説、**炭素正四面体説**を証明したわけですね。

さて、彼はこういった業績によって1902年にノーベル化学賞を受賞いたしました。ノーベル賞は1901年に始まっていますから、彼はノーベル賞を受賞した最初の有機化学者と言うことができますね。

こういうふうにお話いたしますと、フィッシャーは栄光につつまれた生涯をおくったと、皆さんは思うかもしれません。しかし晩年の彼の生涯は実は大変なものでした。フェニルヒドラジン、これは彼の研究を大いに助けた、彼自身が発見した物質ですけれども、これは実は身体にあまりいい薬品ではありません。長年これを扱ったために、フィッシャーの健康は晩年大変に衰えました。当時はまだ薬品の害といったようなことについて、化学者はあまり注意を払わなかったんですね。それにこれは自分が見つけた物質ですから、自分をテスト、**自分を使ってテスト**するしか方法がなかったとも言えます。奥さんは、子供を残して先立ちました。その上、やがて始まった第一次世界大戦で、フィッシャーの３人息子のうちの２人までが、戦死してしまったんです。1919年のある日、彼はこれらに耐えかねて、ついに自らの命を絶ってしまいました。ノーベル賞を受けた化学者にも、このような非常に辛い人生があったということがわかります。

Chemical Story 40 Proteins
Scientists

Fischer, Emil 1852-1919. The next research topic on his agenda was proteins. He believed that a long chain of peptide bonds joining amino acids could yield proteins, so he proceeded to initiate that effort. In 1907 Fischer and his associates succeeded in making a peptide chain from 18 amino acids, but one could not call this a protein; it resembled a degraded protein. One can say that this was the first step towards synthesizing protein.

Suzuki, Umetaroo 1874-1943. He was at this time a graduate student member of Fischer's research team. Fischer appreciated his gentle demeanor and highly respected his ability as an experimenter and the breadth of his knowledge. Suzuki responded to his high expectations and significantly contributed to Fischer's research.

When the time came for Suzuki to return to Japan, Fischer encouraged him to continue his reasearch, especially in topics of concern to Japan and Japanese people. Suzuki decided that a topic fitting for Japan would be proteins in rice.

His research resulted in a highly significant discovery. In 1910 he derived a concentrate from rice bran that countered beriberi. He called it "orizenine." It was a significant praiseworthy achievement both for chemistry and for the health of the Japanese people.

Unknown to Suzuki was the fact that a Polish scientist Casimir Funk had independently obtained a substance that also countered beriberi. His discovery came slightly after Suzuki's, but his immediate report to a Western learned society was prior to Suzuki's. Funk observed that the substance was an amine and called it "vita-amin," soon popularized as "vitamin" which became the accepted name. Suzuki's "orizanine," did not become fashionable and simply passed away.

Japanese and Corresponding English Technical Terms

蛋白[タンパク]質 = proteins; 加水分解 = hydrolysis; アミノ酸 = amino acid;
アミノ基 = amino group; カルボキシル基 = carboxyl group; ペプチド= peptides;
ペプチド結合 = peptide bonds; ポリペプチド = polypeptide; 脚気[カッケ] = beriberi;
濃縮物[ノウシュクブツ] = concentrate; 米ぬか = rice bran.

日本語の学術用語の定義

蛋白質 = 生物体の構成成分の一をなす複雑な構造の含窒素有機化合物；ペプチド結合 = 蛋白質の構造の主要な結合様式。2個のアミノ酸の一方のカルボキシル基と、他方のアミノ基が脱水縮合して生じた結合；脚気 = ビタミンＢ１の欠乏症.

単語

段落[ダンラク] = 長い文章中の大きな切れ目。転じて、物事のくぎり；雛形[ひながた] =
実物をかたどって小さく作ったもの；温厚[オンコウ] = おだやかで情に厚いこと；
人柄[ひとがら] = 人の品格；栄遇[エイグウ] = 光栄ある待遇；
待遇[タイグウ] = 人をあしらいもてなすこと.

ケミストーリー４０「蛋白質」

皆さん、こんにちは。今日のテーマは「蛋白質」です。前回は、糖類とその化学の基礎を固めたフィッシャーの話をいたしました。糖類の仕事が一段落したフィッシャーは、次なる目標として蛋白質を選んだのです。蛋白質は糖類に比べると、ずっと構造も複雑で、はるかに研究が面倒でした。

当時知られていたのは蛋白質を酸あるいは塩基でいわゆる加水分解すると、アミノ酸と呼ばれる物質が得られること、そして、アミノ酸二分子、一分子のアミノ酸のカルボキシ

ル基と、もう一分子のアミノ酸のアミノ基から水が取れてできるジペプチド、ペプチド結合というものを持つペプチドがアミノ酸の構成単位である、というようなことがわかっていたんです。

　そこでフィッシャーは、それじゃアミノ酸は、ずっと繋げていけば蛋白質になるんだろうと、こう考えてその計画を実際に実行に移しました。そして、1907年にフィッシャーは18個のアミノ酸からできている、ポリペプチドを作ることに成功いたしました。これはもちろん蛋白質にくらべればはるかに小さいものですけれども、しかしこれは蛋白質の雛型と言ってもいいものです。ところでこの生命というものが、蛋白質の塊であるということを考えますと、このポリペプチドを作りだしたフィッシャーは、生命合成の第一歩を踏み出した、そう言うことができますね。

　さて、当時ベルリン大学の教授であったフィッシャーのもとに、一人の日本人留学生がいました。鈴木梅太郎です。フィッシャーは鈴木の温厚な人柄、広い知識、そして熱心な研究態度を大変に高く評価して、蛋白質の研究のチームの重要なメンバーとして栄遇しました。そして、その先生の期待に答えて、フィッシャー[sic]はりっぱな業績をあげたのです。

　研究が終わって帰国に際してフィッシャー先生は、このように助言しました。「鈴木さん、貴方は日本に帰ったあと、蛋白質の研究を続けるのも続けないのも、それは貴方の自由です。しかし、貴方は日本、そして日本人に一番適した研究をするのがいいと思います。」さて、この助言を受けて鈴木は、米あるいは米ぬかに含まれている蛋白質の研究をすることにいたしました。米は日本人にとって一番手の、**手に**入りやすい材料ですから、これは非常に日本的なテーマと言うことができますね。

　そして長い間の研究の成果が実って1910年頃には、米ぬかの中から脚気、これは当時の日本の大問題だったわけですが、この脚気に効く物質を単離することに成功し、それを「オリゼニン」と名づけたのです。これは実に重要な発見であって、科学的にもそれから国民の健康という面からいっても、いくら高く評価しても評価しきれない重要な結果でしたね。

　ところがこの鈴木と同じころ、外国でも同じような研究をしている人がいました。ポーランドのフンクという学者は、鈴木にわずかに遅れて、やはり脚気に効く物質を取り出すのに成功したのです。しかしフンクの方が早く欧米の学会に発表いたしました。そしてフンクはこの物質がアミンの一種である、そしてこの生命に強い影響を及ぼす働きから「ビタミン」という名前を提案したのです。で、残念ながら鈴木の提案した「オリゼニン」よりも「ビタアミン」これが約まって「ビタミン」となってるわけですけれども、この名前の方が普及してしまったわけですね。

　ま、そういうことはありましたけれども、日本が現在、化学技術の分野で、世界一流の地位を占めているのは、このような先輩達の大変な努力と精進があったからなんです。

Chemical Story 41 Vinyl and Nylon
Scientists

Staudinger, Hermann 1881-1965. Based on his studies of polymers, he opposed the hypothesis of mysterious aggregates for explaining high molecular weights and defended the long-chain conception of polymers. He proposed that they be called macromolcules. He was rewarded for his work in macromolecular chemistry with the Nobel Prize in 1953.

Carothers, Wallace 1896-1937.His laboratory at DuPont produced a number of fiber-forming polymers, the most commercially successful being nylon.

Japanese and Corresponding English Technical Terms

合成[ゴウセイ]高分子 [コウブンシ] = synthetic polymers; デンプン = starch; ポリスチレン = polystyrene; 巨大[キョダイ]分子 = macromolecule; 絹[きぬ] = silk; 繊維[センイ] = fiber; アジピン酸 = adipic acid; ヘキサメチレンジアミン = hexamethylene diamine.

日本語の学術用語の定義

合成高分子 = 分子量の大きい分子。すなわち、高分子化合物の分子。巨大分子 ; 繊維 = 一般に、細い糸状の物質。多くは、織物や紙などの原料となる ; アジピン酸 = 分子式 $HOOC(CH_2)_4COOH$ 無色の結晶。ナイロンなどの重要な合成原料.

単語

束[たば]ねる = 一つにまとめる ; 肌[はだ]触[ざわ]り = 肌にふれる時の感じ ; 肌[はだ] = 人などの体の表面 ; 保温[ほおん] = 一定の温度をたもつこと。特に、あたたかさをたもつこと ; 成果[セイカ] = ある仕事をして得られたよい結果.

ケミストーリー４１ 「ビニルとナイロン」

皆さん、こんにちは。今日のテーマは「ビニルとナイロン」です。どちらもいわゆる合成高分子ですが、天然の高分子も含めて高分子と呼ばれる物質の正体が明らかになったのは、実は20世紀になってからなんですね。

で、そのきっかけは、19世紀の末に色々な分子量測定法が開発されたことです。例えば、この一番下の浸透圧法でデンプンの分子量を測ってみますと、およそ4万という値がでました。これは実は、本当の値よりもまだまだ低いんですが、それでも当時の化学者を驚かすのに十分でした。そんなに分子量の大きい物質があるとは誰も思っていなかったんですね。で、当時の人は、小さな分子量の物質が、何か特別な力で固まって束ねられているので、見かけ上分子量が大きくなるんだと、そういうふうに考えていたんです。

ところが、1920年頃ドイツのスタウジンガーという化学者は、合成ゴムとかデンプン、あるいは当時作られ始めたポリスチレン、そういったものを詳細に検討した結果、そういった変わった力、不思議な力というものは一切ないんだ、大きな分子量のものは、本当にその分子量になるだけの数の原子が、実際に普通の結合でつながっているんだ、というそういう説を出しました。そしてこの大きな分子量の物質を彼は、巨大原子あるいは高分子と名づけたんです。これは全く画期的な考えであって、この業績に対して1953年のノーベル化学賞が授けられたのは、これはまあ当然ということができます。

さて、この高分子の発展の歴史を語る時に、どうしても忘れることができない人がもう一人います。それはナイロンの発明者のカローザスです。

さて、絹は人類が大昔から大変に大事にしてきた繊維ですね。肌触りがよく保温性もあり丈夫でかつ染色性にもすぐれている。シルクロードなんていう名が残っていることから、東洋の特産品であった絹が、どんなに重要な経済的な地位を占めていたかということが伺われますね。ですから、絹の代用品を作ろう、という試みは随分昔からなされていて、その一番古いものは200年くらい前だと言われています。

　20世紀になって、絹が蛋白質である、というようなことがわかってまいりますと、その研究も一段と進んでまいりました。1920年頃から始まった、このプロジェクトのリーダーがカローザスだったわけです。彼は、絹が蛋白質であるから、その蛋白質を作るのと同じ方法を使えばいいということで、始めはアミノ酸をつなげることを考えました。しかし技術的にはなかなかうまくいきませんでしたので、非常に巧妙な方法を考えました。つまりカルボキシル基を二つ持っているアジピン酸という物質と、アミノ基を二つ持っているヘキサメチレンジアミンという、こういうものを反応させる、アミノ酸は、アミノ基とカルボキシル基を一つづつ持っている分子ですが、これは一方、一種類を二個づつ持っている分子、二種類を反応させようという、これも非常に新しいアイディアなわけですね。で、こうしてできたものがナイロンというわけです。

　さて、このナイロンは絹に似た性質を持っていたわけですが、1939年にいよいよ商品化されました。この当時の記録を見ますと、大変な宣伝が行われ、また「石炭と空気と水からできる夢の繊維」というコピーのもとに、大変な評判になったことがわかります。

　さて、この1年間、皆さんにこのケミストーリーのコーナーを聞いていただきました。時間は短かったですけれども、この時間を使って私は、皆さんと化学とが少しでも近づくように一生懸命努力したつもりです。そして、また各々の回では、化学の発展のあとを辿りながら、同時に化学は人間の知的活動の一端であるということ、つまり音楽とか芸術とか文学とか、そういったものと基本的には同じものである、ということを皆さんにお話したつもりです。また、化学の発展は社会の発展とは無関係ではない、ですから化学を、の発展を学ぶことは、世界史を学ぶことにもなるんだと、そういうお話しもしたつもりです。しかし、皆さんの多くは、将来化学の専門家になるわけではないと思います。しかし、そうだからといって、皆さんがもうこれで化学にさよならをしていいと、いうものではないと思います。化学をいつまでも忘れないでいて欲しいと思います。皆さんは、音楽家でもなければ文学者でもないかもしれない。だけれでも音楽や文学にいつまでも関心を持ちますね。確かに勉強の対象としての化学には、皆さんはさようならを言うかもしれない。しかし、人間の知的活動の成果としての化学には、いつまでも興味を持って欲しいなと、そう私は思っています。

Chemical Story 42 Aniline
Scientists

Perkin, Henry 1838-1907. In his home laboratory, in treating an aniline salt with potash to see if he could make quinine, he unexpectedly isolated mauve, aniline purple, the first synthetic dye.

Japanese and Corresponding English Technical Terms

アニリン = aniline; 染料[センリョウ] = dyestuffs; 顔料[ガンリョウ] = paints, pigments; 色素[シキソ] = pigment; アゾ染料 = azo dyestuffs; ジアゾ化 = diazotisation; カップリング = coupling; レーキレッドC = Lake Red C; 濾過[ロカ] = filtration; 乾燥[カンソウ] = drying; ジアゾニウム塩 = diazonium salt; 吸引[キュウイン]濾過 = suction filtering.

Historical Note

The term "Lake Red C" [レーキレッドC] was the name adopted by I.G.Farbenindustrie when it introduced its new red pigment years ago; it has persisted as the general name for other similarly produced insoluble salts. The word "lake" was probably used because the paints were formed from a large quantity of solution of a soluble dye by treating it with an appropriate reagent to precipitae the desired product.

日本語の学術用語の定義

染料 = 繊維[センイ]や皮革・紙などを染める有色物質；繊維 = 一般に、細い糸状の物質；顔料 = 一定の色に着色する物質。混合する物質と作用せず、水・アルコールなどに溶けず、所定の色を呈する不透明物質で、金属塩などの無機顔料と、染料のレーキなどの有機顔料がある；色素 = 物体に色を与える成分；ジアゾ = 二つの窒素をもつ意；濾過 = 水その他の溶液をこして混じり物を除くこと；乾燥 = 湿気や水分がなくなること、また、なくすこと.

単語

追っかける = 後をおっていく；鮮やか= ほかのものよりよく目立つさま；鮮明[センメイ] = 鮮[あざ]やかで明らか.

ケミストーリー４２ 「アニリン」

　　今日のテーマは「アニリン」です。アニリンは、数ある有機化合物の中でも、私達の生活に一番関わりが深いものの一つです。それは、アニリンが、いろいろな染料や顔料、色素と言っておきましょう、その原料として重要な役割を果たしているからです。で、特にこのアゾ染料は、数ある染料の中でも、最もよく使われているものの一つです。今日は茨城県鹿島市の大日本インキ化学工場、鹿島工場を訪問して、そのアゾ色素が作られている様子を見学いたすことにいたしました。ここの工場の規模は、世界有数ということです。それでは、中島部長にお話しを伺うことにいたします。

＊＊＊

「中島部長、よろしくお願いします。」
「こんにちは。」
「高校化学では、アニリンのジアゾ化、カップリングによる色素の生成ということが、取り上げられていますけれども、高校スケールで行われる反応が、工場でどんなふうに行われるのかということが大変興味があって、見学にまいりました。この工場で行われている反応を例にして、どんなプロセスが行われているのか説明して頂けますでしょうか。」

「はい、それでは、典型的なアゾ顔料であります、レーキレッドＣの工程についてご説明いたします。原料をジアゾ化カップリングし、色素を合成し、濾過し、乾燥して製品にいたします。後ほど、これをカップリングと、濾過の工程を、後ろの現場でお見せいたします。」

「部長、学校の実験室ではビーカーを使うわけで、そうしますと、色素ができてくる様子、色の変化が追っかけられるわけなんですが、工場の反応でもそういうことが可能なんでしょうか。」

「はい、後ほど色が実際に変わっていくところをお見せいたします。」

「それは大変おもしろそうですね。それではさっそく、見せていただくことにいたしましょう。」

***

「いやーずいぶん色々、反応装置がありますね。」

「はい。これが反応槽で、容量は４万リットルあります。」

「わあ、ずいぶん大きいですね。しかし我々、ジアゾ化、カップリング、この今日のメインの反応ですが、この時には、氷で冷やせ、と習っているわけですが、こんな大きなのを氷で冷やすのは可能なんでしょうか。」

「はい、工業的にも氷を使います。これから実際にお見せしましょう。」

「そうですか。」

***

　さて、私たちはさきほどの反応装置の上に来ました。見てください。このダイナミックな氷の入れ方。

「中島さん、普通化学反応は加熱することが多いんですけれど、このジアゾ化とカップリング、これは冷やすことが大事なわけですね。」

「そうです。工業的にもビーカーと同じように、非常に冷やすことが大事で、このように大量の氷を投入いたします。」

「ジアゾニウム塩の分解を防ぐ、といったようなことが、大事なわけですね。」

「そうです。」

「それでは、その、いよいよアゾ染料ができるところを、見せてください。」

「はい。これから、カップリング反応を釜の中が見えるような特別な工夫をいたしましたので、」

「そうですか。」

「ご案内いたしましょう。」

「はい。」

***

「なるほど、これが反応装置から、反応液を取り出して、私達に見せてくださるための工夫というわけですね。」

「そうです。３分前の原料の色は、こういう色をしておりました。このように、現在はカップリングが進みまして、鮮やかな色が出ております。」

「いやーきれいですね。いかにも色素がこうできているという感じがいたしますが、これはもうそろそろ反応が終わるわけですか。」

「そうですね。もうこれ以上は色は変わらないと思います。」

「そうですか。それでは、この反応液の中から、色素を取り出す、その工程を見せてください。」

「はい、ご案内いたしましょう。」

***

「いやあ。なるほど、けっこう広いですね」

「そうですね。」

「アゾ化合物ができる様子はよくわかったんですが、いよいよこれを水からわけて、製品にする工程があるわけですね。今、水からわけられたのがどんどん取り出されていますけれど、あれは吸引濾過で集めたわけですか。」

「いえ、濾過の原理は同じですが、ポンプで圧力をかけて濾過します。水分をきられた色素が現在取り出されております。」

「いやーほんとにきれいな色ですね。どんな色の色素もこうやって作ることができるわけなんでしょうか。」

「そうです。いろいろ作っておりますので、いくつか見本をお目にかけましょう。」

***

「やあ、これはずいぶんきれいですね。」

「はい、これが当工場で作っている顔料の見本でございます。黄色、赤、ブルーと色の三原色、これを混ぜることによって、いろいろな色を作り出すことができるわけです。」

「なるほど。まあ、今日はアゾ色素を見せていただいたわけなんですが、アゾ色素の特徴といったら、どんなことになるんでしょうか。」

「はい。色が、種類が非常に豊富で、鮮明で、安く作ることができるということが特徴です。ただ、有機化合物であるために、光、熱、空気に長くさらされますと、色があせてしまうという、欠点もあるのです。」

「そうですか。よくわかりました。今日は最後にこんなきれいなものも見せていただきました。どうもありがとうございました。」

***

　さて,皆さん。今日は工場の規模で、ジアゾ化、カップリング反応を見たわけですね。高校の実験室で行われるのと同じように反応が進められている。しかし、大規模でやるには、それなりの工夫がされているというわけですね。百聞は一見にしかず、と言いますけれど、私も工場まで出かけてきて、いろいろ見せていただいて、大変勉強になったと思います。皆さんにとってもこれは、なかなか楽しい見学だったなと、そう思いませんか。